U0304602

低科技丛书

少年工程师

给孩子们的189个经典制作方案

Popular Mechanics《大众机械》　编

孙洪涛　译

中国青年出版社

出版说明

为了让孩子们远离电子产品，通过手工制作、户外活动等方式锻炼他们的动手能力、激发他们的想象力和创造力，中国青年出版社推出了"低科技丛书"。本套丛书包括《少年工程师》《少年科学家》《少年魔术师》《环保小专家》《户外活动手册》《玩具DIY》，共6种。书中的方案均来自美国著名的科技杂志《大众机械》，这些项目方案看起来并不太"高科技"，却饱含智慧和精巧技艺，能启发孩子们开动脑筋，用最原始的材料和最简单的技术去创造并获得快乐。

书中收集了自20世纪初以来的众多经典项目，其中有些项目可能并不太符合我国国情，或者现在有更好的解决方案。但本套丛书的重点在于开拓读者的思路以及实际动手创造的能力，所以书中并未对这些"传世"的经典项目做任何更新，使读者尽享"低科技"之乐趣。

需要特别强调的是，书中的某些方案或方法、工具等，含有一定的危险性，所以务必请孩子们在成人的监护下并采取必要的安全措施进行操作。在实际制作时，家长或老师可以指导孩子采用更先进的工具、技术和安全措施。

书中方案涉及的尺寸、重量、容积等计量单位均由英制转为公制，具体数字一般精确到毫米。在实际制作时，制作者可以根据实际情况进行调整。

中国青年出版社

2013.12

目　录

前　言

第一章　工场工具及制作项目

家庭技师的实用工具 / 3

制作丁字尺 / 3

组合工具 / 4

木材刻槽器 / 5

短刨转变为圆刨使用 / 6

自制卡尺 / 7

多功能厨房用具和其他器具 / 8

磨刀器 / 8

用蛋壳做花钵 / 8

刀、叉和勺支架 / 9

多功能厨房用具 / 9

工场内 / 11

如何更有效地开榫眼 / 11

如何锁住榫接头 / 11

带有可折叠脚轮的锯木架 / 12

滑动盒盖固定器 / 12

把木头固定在锯木架内 / 13

可拆装的抽屉止挡 / 14

切割薄木圆盘 / 14

安全劈柴墩子 / 15

自制相框斜切箱 / 15

无铰链盒盖 / 16

锁与钥匙 / 17

用于抽屉或柜子的简易锁 / 17

多抽屉柜的简易暗锁 / 17

有组合键的木头锁 / 18

快速制作门闩的方法 / 20

家居助手 / 21

厨房用具挂架 / 21

挂裤架 / 21

熨衣板架　/ 22

玻璃杯的把手　/ 23

方便的洗衣房橱柜　/ 23

纱门处阻吓苍蝇的装置　/ 24

在摇椅的摇杆下粘毛毡条　/ 25

护鞋罩　/ 25

有铰链的窗台花箱　/ 26

手动操作的旋转风扇　/ 26

省力器具　/ 28

响铃邮箱　/ 28

逗乐宝宝的电动玩具　/ 28

把小包挂到头上方挂钩的

工具　/ 29

盘子刮刀　/ 30

不滚动的线轴　/ 30

绳索与杠杆做成的应急提升

装置　/ 31

隐藏秘密的地方　/ 32

隐藏门钥匙　/ 32

秘密箱盖　/ 33

放在书架上的秘密装饰品盒　/ 33

另类居住安排　/ 36

旧草帽做的鸟巢　/ 36

木杆建成的房子　/ 36

整装待发　/ 42

制作自用的扁平行李箱和旅行挂

衣箱　/ 42

便于装运的箱式书柜　/ 49

搬运箱子和家具的三轮车　/ 50

第二章　手工制作的家具

书籍用具　/ 53

书的支架　/ 53

书柜与写字台组合　/ 53

书架　/ 57

折叠书架　/ 57

自制书夹　/ 58

构造简易的壁架　/ 59

座椅与储物　/ 60

有储物箱的厅堂座椅　/ 60

简易工作台　/ 61

脚凳　/ 62

容易制造的搁脚板　/ 63

编织凳面　/ 64

如何制作高脚凳　/ 65

木条制成的上漆扶手椅　/ 66

可拆卸的椅子扶手 / 67

书桌和台子 / 68

客厅用桌 / 68

可折叠的壁挂办公台 / 69

安装在床柱上的可调的转动床
头桌 / 72

使命派风格的美式家具 / 73

使命派风格的蜡烛台 / 73

使命派风格的图书馆用桌 / 74

使命派风格的托架 / 77

装饰用品 / 79

美国殖民地时期风格的镜框 / 79

花盆台座 / 81

盆栽花卉的转盘架 / 83

试管花瓶支架 / 83

小空间用的下翻搁板 / 85

第三章 庭园装备

庭园小制作 / 89

移栽过程中填土的器具 / 89

有椅背的可折叠地面座椅 / 89

实用的浇水橡皮管支架 / 91

手提式睡椅 / 91

快速建造的草坪帐篷 / 92

简易雨量计 / 93

高效樱桃采摘器 / 93

鸟和蜜蜂 / 94

防猫鸟食台 / 94

空心原木鸟巢 / 95

冬季用的蜜蜂喂食器 / 95

锁、门和栅栏 / 97

装有普通铰链的双向摆门 / 97

自闭门 / 98

能置于空心柱内的折叠门 / 99

门闩钩的锁定装置 / 100

便携组合式家禽围栏 / 100

防家畜开启的门闩 / 101

第四章 愉悦的户外生活

野营技巧：第一部分 / 105

露营装备 / 105

野营技巧：第二部分 / 116

在树林中烹调 / 116

林中作业技巧 / 120

应急快餐和用具包 / 121

罗盘（指南针） / 121

地图 / 123

自然标志 / 123

标示路径 / 124

帐篷和掩蔽所 / 126

如何建立营地 / 126

自制肩背包帐篷 / 129

营地装备的管理与储存 / 131

防蚊的营地庇护所 / 132

吊床式睡眠帐篷 / 133

一套可折叠帐篷杆 / 134

伞和薄棉布做成的袖珍

帐篷 / 136

可用作包装套的帐篷 / 137

用树枝和茅草构建的洞穴

住所 / 138

永久营地用的帐篷 / 140

不用杆子竖立帐篷 / 141

帐篷的纱门 / 142

如何制作钟罩式帐篷 / 142

装备和工具 / 144

野营水袋 / 144

野营者用的组合箱桌 / 144

野营者用的食盐与胡椒粉

容器 / 146

徒步旅行者用的厨房 / 146

独木舟上的火炉 / 149

营火上的烹调器具架 / 150

营地烧水桶的提取 / 150

固定斧头 / 151

用三个铰链做的营地火炉 / 151

营地用的速成有柄勺 / 152

营地装备箱 / 153

营地家具 / 157

用树枝做成的弹性吊床

支架 / 157

野营者临时使用的提灯 / 158

如何制作野营用凳 / 159

营地用的挂钩 / 160

营地用床 / 161

多样化的营地家具 / 162

营地用的剃须照明灯及

镜子 / 164

一举两得 / 165

营地橱柜与餐桌组合 / 165

秋千椅 / 166

如何在自行车上装风帆 / 167

儿童四轮车用的风帆 / 168

驾车旅行时用的折叠饭盒及

桌子 / 168

户外活动助手 / 170

伐木工的木筏 / 170

桦树皮护腿 / 172

有助于射手瞄准的镜片附着

装置 / 172

划船用的辅助镜 / 173

游泳用的蹼足 / 174

安装在折叠架上的仿制鸭 / 175

第五章 玩具、游戏和其他娱乐活动

令童年快乐的火车玩具 / 179

自制电动火车模型及轨道系统:

电动机 / 179

机车和驾驶室 / 186

轨道系统 / 195

陀螺、拼图和游戏 / 202

奥地利陀螺 / 202

简易陀螺 / 203

圆环和木桩拼图 / 203

魔方拼图 / 204

樟脑丸之谜 / 205

木密钥和木环的组合智力

玩具 / 205

永动机之谜 / 207

如何制作镶嵌棋盘 / 208

走钢丝玩具 / 210

玩具车辆用的汽车喇叭 / 211

能越过壕沟的微型作战坦克 / 212

纸军舰 / 217

来回滚动的罐子 / 218

木制的机械玩具鸽子 / 218

魔术手法 / 220

准确地将牌抛到标记位置 / 220

简单的纸牌魔术 / 221

将纸牌缩小的魔术 / 221

消失的硬币 / 222

刀和玻璃杯的魔术 / 223

简单的几何图形魔术 / 224

神奇的药丸盒 / 224

看,他们就是这样做的! / 225

魔柜 / 225

放风筝去 / 227

飞龙风筝 / 227

花彩带风筝 / 233

八角星风筝 / 235

如何制作和放飞中国式风筝 / 237

如何制作对抗风筝 / 239

如何制作飞机风筝 / 241

从风筝上拍照的照相机 / 243

趣味飞行物 / 246

能转向的单翼纸飞机 / 246

精心设计的纸滑翔机 / 247

玩具弹射器 / 248

能转圈的纸滑翔机 / 249

与水或雪有关的玩具 / 252

如何制作水下望远镜 / 252

简易跳水木筏 / 253

自制平底船 / 254

如何建造"推进船" / 255

袖珍折叠船 / 258

雪球制作器 / 259

廉价雪橇 / 260

制作滑行平底雪橇 / 261

游乐场上 / 265

摩天轮 / 265

惊险的木马转轮 / 266

狭窄空间中用钢管制作的儿童秋

千椅 / 267

可调节高跷 / 268

初学者的轮滑辅助器 / 269

立杆旋转木马轮 / 270

一人使用的跷跷板 / 271

前　言

上一世纪至今，我们已经走过了漫长的发展历程。从简单原始的起点出发，小汽车发展成SUV和豪华轿车。最初的无线电收音机被晶体管收音机取代，后者又让位给卫星通讯，给"无线"一词以全新的含义。计算机及各式各样的创新远远超越了20世纪初空想家，甚至科幻作家最疯狂的想象。

不过，一路走来，我们也许丢失了一些东西。20世纪早期的"美好旧时光"体现了真正比较简约的年代。在那个年代，自给自足是极有价值的本领。那个年代衡量一个人（包括孩子）的能力，主要是他应用普通科学知识、户外生存能力和完成木工及金工手工项目的能力。那个年代呼唤创新，当时的家庭技师响应这一呼唤，采用最原始的材料、最少的技术并最大限度地运用智慧。

本书抓住了那个时代的精神。书中的内容包含20世纪早期"大众机械"书籍和杂志中选取的项目与有益文章的精髓。编辑本书时，我们做了少许改变，使写作风格能体现时代的进程。其中有些项目是离奇有趣的，不过有点过时了。有一些尽管相关的设备与技术改变了不少，但仍然是很适用的，例如有关在野外旅行时搭建帐篷的章节。有一些在我们现代生活的家庭中是可行的，例如使命派风格①的烛台或任何一个手工制作的玩具。当然，还有一些项目是非常奇特、古怪或有趣，以至于不能舍去，例如男孩四轮车用的风帆和一面划船时用于提示的镜子。

现代读者必须了解，在各项目首次发布时，可用的材料和工具在现在看来是非常有限的。所以读者现在处理任何一个项目时，完全可以用更先进的技术、设备和材料。不言而喻（但必须反复强调），要遵循现今工场中要求的所有必要的安全防护措施。

然而，这本书里的有些乐趣也并非要动手才能体会到。书中的标题和文字本身就为阅读增添了很多乐趣，而且它们忠实地再现了当时技术和手工技艺的历史情况。

来阅读《大众机械》（Popular Mechanics）提供的材料，让我们回到并不遥远的过去，用昔日的消遣方式尽情娱乐吧。

《大众机械》杂志

---

① 使命派风格家具，源于19世纪晚期。1898年美国设计师约瑟夫·麦克休第一次打造了一批田园风格的家具产品，后来这种风格的家具用品逐渐流行，随着美国手工艺品运动的发展其影响不断扩大。

第一章
工场工具及制作项目

家庭技师的实用工具

· 制作丁字尺 ·

　　在制作任何类型的单个物件时出现的问题总是独特的，而大批量生产同种物品时则必须用另外的方式才能有效率并保证产品的一致性。例如，大量制作丁字尺意味着材料不会与做单个产品时完全一样。需要大量这种工具时，用下面的方法制造，除了工作台常用工具及带锯外不要别的设备。丁字尺尺头和尺身的主干用红木制造，丁字尺的尺头和尺身的边缘均采用枫木。用5个9.5毫米半圆头螺钉把尺身固定在尺头上。

　　主干与边缘材料用胶固定在一起，加工成图1中A和B的尺寸。材

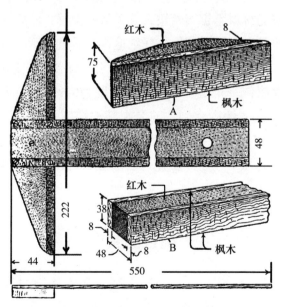

图1　丁字尺的尺寸。（单位：毫米）

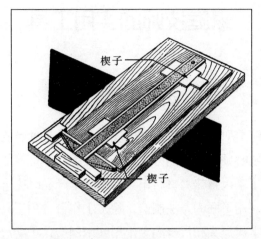

图2 制作部件的尺头和尺身材料，以及装配用的夹具。

料在带锯上切割到规定厚度，尺身厚度3毫米，尺头厚度9.5毫米。从每一块准备好的材料上锯切两块，首先从一面锯，然后从另一面锯。然后使两面平滑，再锯切两块。仔细地锯切后就得到6件尺身和6件尺头。锯切后，每块材料留下一面要刨平。用小手钻钻出螺钉孔。

装配时要制作一个定位模具，把厚度为9.5毫米的木块钉在平直的画图板上。此木块固定到位前要把其一端刨平直。用限位挡块将尺头定位，并将尺身保持与它垂直。在插入螺钉时，要用楔子使尺头和尺身靠紧挡块。楔子不要用锤子敲进去，用手压紧就可以。

· 组合工具 ·

后图所示的工具组合了直角尺、铅锤尺和普通计量尺的功能，花费一些时间和精力制作此组合工具是很值得的。T形件是用木材做的，其

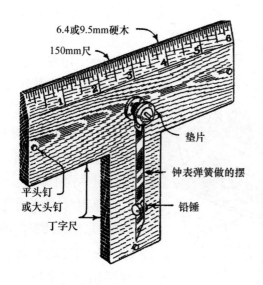

6.4或9.5mm硬木

150mm尺

6

5

4

3

2

1

垫片

钟表弹簧做的摆

铅锤

平头钉
或大头钉

丁字尺

长边用厘米及厘米的分数刻度，拐角处用作直角尺。铅锤尺是用一段钟表弹簧做的加重摆锤组成。平头钉或大头针插在这一工具三端的适当位置，用它测试一个表面的水平时，指示真正的铅垂线。

· 木材刻槽器 ·

有时要在木板上刻槽而又没有合适的装备可用，可以按图所示制作工具。尽管其外观比较粗糙，但只要制作得好，非常好用。它由以下几部分组成：手把A，其形状要使手抓住时比较舒适；刻槽刀B，用一段钢锯条制成，沿手把的左侧用木条C夹紧，木条C用螺钉固定。打入把手的销钉D要凸出约1.6毫米，防止锯条在夹具下向后滑动。为了给锯条导向，配置部件F。在把手右侧钉上延伸木块E，每一端头附近

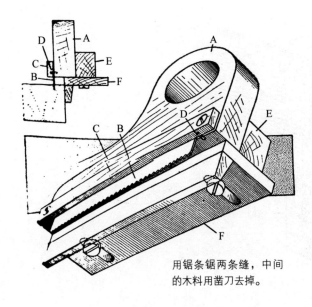

用锯条锯两条缝，中间的木料用凿刀去掉。

打出用于两个圆头螺钉的孔，这种螺钉可从废弃干电池获得。这些螺钉用来紧固滑动的止挡木块F，它是一块平坦硬木。木块F两端有狭长孔，螺钉穿过其中用于调节。

使用时，将引导木块F与锯条的距离调节为所需要的距离，然后用螺钉紧固。使用此工具就像使用刨刀一样，注意不要推压过分用力，因为锯条可能卡住，使其从夹具中拉出来。加工槽时，先锯两条缝，再用凿刀把两条缝之间的木料去掉。

· 短刨转变为圆刨使用 ·

能拥有圆刨的业余技工是很少的，即使这种工具对于要做圆角加工的桌面、半圆隔板、分割木板等确实是必需的。如果把普通的短刨加装成如图那样，就能完成这一任务。加工一个半圆硬木件，其宽度与刨子一样，用埋头机螺钉如图那样固定在刨子上。此木块抬升了刨子的后端，使其能跟随被加工件的曲线。

硬木件

· 自制卡尺 ·

　　用下述方法，任何人都能简易又快速地制作一把好用的卡尺：取一段长约380毫米的弹簧钢丝，按图弯曲，使尖端根据需要的形式朝内或朝外。用一个钢丝环扣住中间，该环可以沿钢丝前后滑动。它用来作为调节器。

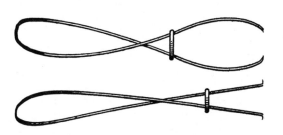

把弹簧钢丝弯曲，使其夹端朝内或朝外，按需要而定。

多功能厨房用具和其他器具

· 磨刀器 ·

图示的磨刀器非常容易制作，其材料为50毫米宽、64毫米长的两块薄木片（如雪茄烟盒的盖子），及丢弃的两片较厚刮胡子刀片。把木片放在一起，在其中间向下锯长约44毫米的狭缝。再把两刀片放入，刀片与缝的每一边呈2°角（见图示），把它们固定在一块木板上，再将另一块木板合上并牢牢地固紧。

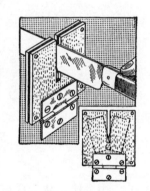

磨刀时，将刀穿过狭缝2-3次即可。此磨刀器可装上铰链，使其能转入放刀的抽屉或盒子中，随时可用。

· 用蛋壳做花钵 ·

这里介绍一种新颖的方法，可以很好地放置尚不能在花园中种植的小植株。在旧抽屉的底部钻一些孔，蛋壳放在其中。种子栽种在蛋壳内，其上标出品种名称。这种安排很紧凑，当植株能移植时，可以打碎蛋壳，种下植株而不会伤害根部。

· 刀、叉和勺支架 ·

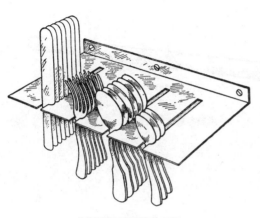

使餐具容易被拿取的支架。

这个支架是用一块铜板做的，铜板要足够厚，能经得住所有餐具的重量。在铜板上切开可容纳不同餐具的槽，其后边缘折弯成直角，以便把它固定在支柱上、墙上、或橱柜的背板上。它既节省空间，也节省时间，因为你要用这些餐具时，很容易取得，比它们放在抽屉中时拿取方便。

· 多功能厨房用具 ·

"Querl"是一种厨房用具的德语名，它可以用来打蛋、捣碎土豆或榨柠檬汁。在玻璃杯中打蛋，混合面粉和水，或搅拌可可饮料或巧克力时，其效果与市场上的用具一样好。

此用具用硬木制造，最好是白蜡木或枫木。从厚度为13毫米的木板上切割出直径约50毫米的圆盘，加工成如图1的星形，中心钻9.5毫米的孔，用来装手把。手把长度至少300毫米，固定在星形件中，见图2。

使用时，将星形件放在盛有需要被打碎或混合的材料的餐具中，立即在两掌心间快速搓动把手。

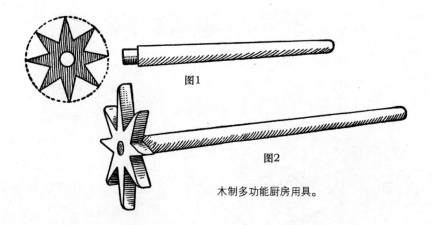

图1

图2

木制多功能厨房用具。

· 如何更有效地开榫眼 ·

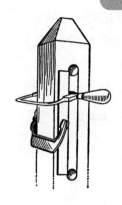

　　为了做长沙发，在木料上开一个榫眼就要花费很多时间，有这样一个设计（见图示），能让人在用普通方法开一个榫眼的时间内，开出需要的全部榫眼。边沿非常直的两片金属板夹在木料上（其中一片在图中可以看到），直边与榫眼的边线对齐。把钢锯穿过一端所钻的孔，紧靠金属边缘锯切就可以了。

· 如何锁住榫接头 ·

　　将接头合在一起时，用两个打入榫头的木楔可以使置于暗榫眼的榫头永久固定。在所用木料非常干燥发脆的情况下，建议把榫头在温水中浸泡一下再涂胶。从水中取出榫头后要立即涂胶，然后插入榫眼。右图显示了榫头打入到位时如何应用木楔。

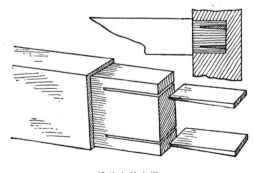

榫头中的木楔。

· 带有可折叠脚轮的锯木架 ·

为了不费劲地将锯木架从一个工作场所搬到另一个工作场所，一个工匠用图示的一套可折叠脚轮装在锯木架上。脚轮的轴穿过锯木架腿中的狭缝，在轴的突出端用垫圈和开口销防止侧移。一个简易的木制切换杆装置将脚轮提起离开地面或放下接触地面。需要移动锯木架时，手把向内压，脚轮就放下。手把往外拉时，脚轮就离开地面。

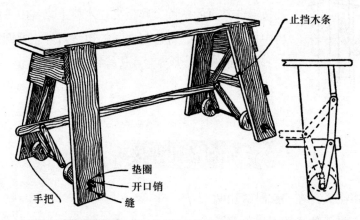

有一组脚轮的锯木架，压切换杆使脚轮放到地上，便于移动位置。

· 滑动盒盖固定器 ·

一个钟表匠在全国周游时，发现把钻头、螺丝钉、小针等等放在有滑盖的盒子中携带非常方便。为了不使盒内的物品撒出来，采用了后图中A所示的小固定器。该固定器的材料是钢片或黄铜片，用小螺钉或平

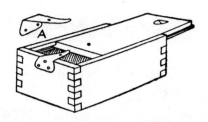

头钉将其固定在盒子的外侧。在钢片或黄铜片位于盒盖上方的部分钻一个孔，在该孔位于盒盖的投影处钉上一个销钉。销钉露出盒盖的部分不得高于固定器片，这样销钉的钉帽可以滑入片上的小孔。当其滑入小孔时，盒盖正好盖紧，而固定器片套住钉帽起到了固定作用。销钉穿过盒盖的部分，可用来防止盒盖全部被拉出而脱离盒子。

·　把木头固定在锯木架内　·

　　用过锯木架的人都知道，锯条向后拉，进行下一次锯切时会使木棒转动或提起，非常不方便。采用图示的辅助装置就可避免这些麻烦。该装置由两根用铰链连接到锯木架后立柱上的横杆及固定在它们前端的脚踏蹬板组成（见右图）。用长钉子将横杆钉穿，它们伸出的尖头将刺入待锯的木棒中。脚踏蹬板是活动的，以便把木棒放到锯木架的分叉处。

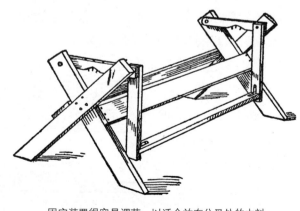

固定装置很容易调节，以适合放在分叉处的木料。

· 可拆装的抽屉止挡 ·

在将工具柜放小工具的抽屉拉开时，抽屉常常跌落。其后果是不仅要花时间捡拾这些工具，而且可能损坏工具。做一个类似图中的小夹子，将它套在抽屉的后板上（图中A），便可以有效地避免上述情况发生。需要将夹子拆下时，只要把其高出抽屉部分向前弯即可。只要抽屉上方有一些小空间就可以完成这个动作。请注意夹子的大小与抽屉尺寸相配。

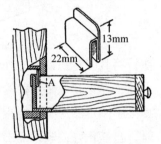

· 切割薄木圆盘 ·

用线锯切割薄木圆盘时必须将圆盘四周磨光，而用下述方法则可以得到更加令人满意的结果：确定待切割圆盘的圆心。将一根钉子穿过25毫米宽、6.4毫米厚的木条，并钉入该圆盘的圆心。为了切割圆盘，在木条的一点上打入两个角钉，如图中的截面图所示。以一定角度打入，两个角钉尖间隔少许距离，使它们像锯齿一样。抓住木条的一头绕圆心小心地划圈，可以干净利落地切割出圆盘。先在木板的一面进行切割，但注意不要切透，然后翻过来在另一面继续切割，这样可以把切边抛光，效果特别好。

用有锯齿钉的木条绕圆心切割出圆盘。

· 安全劈柴墩子 ·

将木块砍成长度较短的几块时，常常是非常危险的。图示的墩子能克服这种危险，它可以用来砍小的引火木头，也可用来劈开较粗的木头。当斧子击打需劈开的木头时，碎料从砍木头人的身边飞离。图中显示该装置正在用于砍短木板，其厚重部分可以作为凳子使用。图中上面的部分说明如何用螺栓把50毫米厚的木板固定在一起制成安全劈柴墩子。

使用安全劈柴墩子，劈出的碎料从工人身边飞离。

· 自制相框斜切箱 ·

每一个想做相框或改小旧相框的人都会需要斜切箱，它可以帮你在锯切时切出完美的45°角，以便能将相框四角良好地钉在一起。如图所示的斜切箱，非常适合做这个工作。制作此斜切箱与翻转盒类似，锯子的引导板固定在图中部件A的两端。在一个木板上开三个孔作为盒顶，如图中B所示，方形孔用于安装A部件的一个引导板，另两个孔用于楔子。两木片C固定在盒顶上，它们的外边缘呈直角。

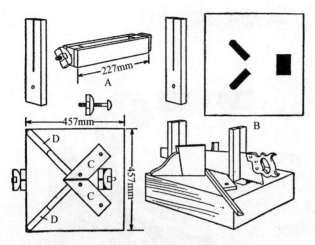

自制辅锯盒，用于锯框架材料，并使各部分连接在一起。

将待加工的相框部件靠C部分放好，然后在该部件与DD部分插入楔子将其固定好，这样就可以工作了。相框部件切割好后，可以任何形式将它们固定起来。

· 无铰链盒盖 ·

两个普通的木盒要成为一个盒子，可以不用铰链合在一起。只要将钉子或螺钉插入在一个盒子边缘的几点，使它们能滑入另一盒子对应位置处钻的孔内即可。钉子头或螺钉头应在钉好后锉掉或切除。

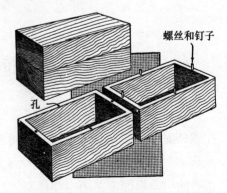

用钉子代替铰链把盒子合在一起。

锁与钥匙

· 用于抽屉或柜子的简易锁 ·

用几分钟时间就能为抽屉或柜子做一把简易锁，不知道其秘密的人不借助暴力是不可能打开这抽屉的。

把一根硬钢丝弯成图示的形状，用环首螺钉固定在抽屉箱内侧。把一段弹簧套在U形钉上，再将锁柄穿过U形钉顶端与弹簧簧套之间，最后将U形钉固定在适当位置。当抽屉关上时，弹簧将抽屉自动锁住。钢丝上端弯成的钩子刚好放入柜子顶上底面切出的槽中。此槽的前面配装黄铜防磨护板，钩子可以钩在其上。用一根钢丝折弯成钥匙，插入钥匙孔转动，当弯头抓住锁柄头，往外拉就能把锁打开。

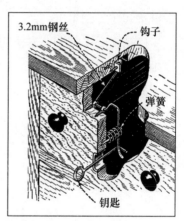

· 多抽屉柜的简易暗锁 ·

图中表示出了一个为一列抽屉自制锁定装置的简易方法。只要用一把锁，就可以锁住全部抽屉。这在新旧柜子上都适用，在抽屉背板与柜子背板之间需要有38毫米左右的空间。

该装置有一根能在导轨内滑动的锁定木条，用螺钉或其他方法固定在抽屉背板上。在木条上装有数个锁闩，其数量比抽屉少一个，两个锁闩的间距为每一抽屉的顶部至下一抽屉的顶部的距离。第一个的锁闩是控制锁闩。其顶部加工成斜角，当最上面的抽屉关闭时，会迫使控制锁闩下降。锁定木条与其他锁闩也同时向下移动，锁闩的指钩就扣住抽屉的背板。锁定木条的下部有台肩，其上套一轻型弹簧，弹簧可确保锁定木条能够抬起（见图示）。

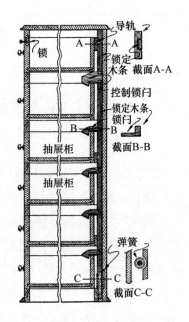

控制锁闩可以装在木条的任意地方，当柜子太高手不能触及时，应将控制锁闩置于底部的抽屉上。为使该装置占的空间小，可以采用带固定金属指钩的6.4毫米金属杆。然后把耐击打金属片装在抽屉的背板边沿上。

· 有组合键的木头锁 ·

图中所示的锁全都是用木材制成，不用钥匙几乎不可能将其撬开或打开。锁的壳体为25毫米厚、125毫米×125毫米的硬木，还需要3个锁芯、1个门闩和1个保险木块。图中显示了钥匙插入后，锁芯被其抬升的情况。门闩上开狭长槽，槽内安有一个螺钉，以限制门闩移动。锁和保险木块用车身螺栓固定在门上，螺栓头露在外面。

图中详细地说明了各个部件及其尺寸，必须严格遵循。锁壳体上顺木纹开出两条槽，并与开口榫槽连接，榫槽的深度均是13毫米。榫槽及长槽的间距如锁壳体详图所示。需要3个锁芯，每个63毫米×13毫

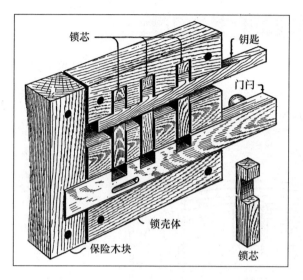

左图 此锁完全用木材制成，很难被撬开。

下图 必须仔细观察结构的详细情况，精确地制造各部件，以保证达到满意的效果。（单位：毫米）

米×13毫米。门闩是13毫米×25毫米×200毫米，钥匙是6.4毫米×19毫米×140毫米，如图刻出凹槽。锁的各部分必须仔细装配，用砂纸打磨光滑并涂油，这有助于操作及木材保护。除了实用性外，这种锁的机械结构也是非常有意思的。

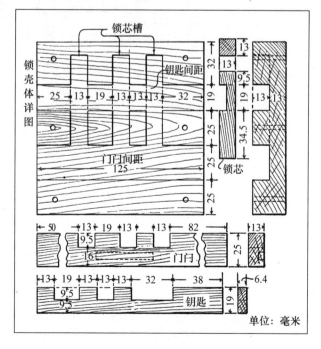

· 快速制作门闩的方法 ·

用下述方法可以制作一个简单又有效的门闩：将一根铁杆折弯并把一头磨尖（如图），然后用U形钉将其固定在门上。将把手转到图中虚线所示的位置并用挂锁锁住，门就锁上了。

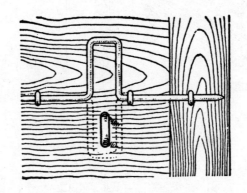

家居助手

· 厨房用具挂架 ·

　　每个厨师都知道将
几件用品挂在一个钉子
上是非常麻烦的。当需
要其中的一个物件时，
它常常在后面，必须移
走其他物件才能取得

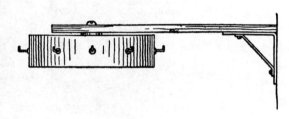

它。用于挂开罐起子、打蛋器和烹饪勺子等等的一个转动挂物架所占的
空间比几个钉子少，每个物件均放在容易取得的距离内，而且所有的物
件都有一个单独的钩子。

　　此挂物架很容易制作：一块直径64毫米、厚25毫米的木盘；19毫米
宽、6.4毫米厚、150毫米长的木臂及一个金属支撑。木板臂固定在金属
支撑上，金属支撑固定在墙上。用一个螺钉将木盘安装在木臂端头的孔
上。螺丝钩钉在木盘周边作为挂钩。

· 挂裤架 ·

　　制作一个与画框类似的木框，用铰链连接在衣柜门的内侧，木框的
两侧边挂在两条链子上。框架内部安装数根横杆。将裤子挂在横杆上
后，把框架向上摆靠在门上，用钩子钩住。框架上能挂好几条裤子，平
放在门上，所占空间很少。裤子始终平挂，不容易弄皱。

很方便地把裤子挂在横杆上，裤子不容易弄皱。

· 熨衣板架 ·

把普通熨衣板较宽的一端削方，再切出38毫米宽、100毫米长的狭缝，使有两个槽口的支撑能插入。支撑靠桌子放置，熨衣板压在外缺口上，挤压住桌子，就能保持熨衣板固定不动。这样很方便拿取所熨衣服。

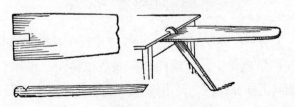

附加在桌子上的熨衣板架。

· 玻璃杯的把手 ·

测量玻璃杯底部的尺寸，制作刚好与其适配的铜圈，套在杯子的底部。把铜带的两端铆在一起就做成铜圈，若要把接口处做得简洁利落，就把铜带的两端弄平或锉成斜面后再用铜焊或其他焊接方法焊在一起。

把一段比玻璃杯高一点的直立铜片连接在铜圈上。在此直立铜片上铆接或焊接一个折弯成型的铜片，形成把手。玻璃杯放在铜带内，把直立铜片的上端折弯，包住玻璃杯口。

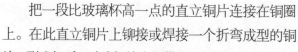

· 方便的洗衣房橱柜 ·

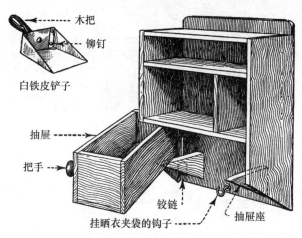

木把
铆钉
白铁皮铲子
抽屉
把手
铰链
挂晒衣夹袋的钩子
抽屉座

洗衣房橱柜，所有洗涤用品可放在一起。

可以把肥皂、蓝粉①、肥皂粉一类的物品放在一起的橱柜是最受主妇喜爱的。图示柜子的总体尺寸为125毫米×300毫米×500毫米，可摆动的盒子或抽屉为100毫米×125毫米×250

① 蓝粉是旧时防止洗涤的白色衣物泛黄的一种漂白粉。

毫米，用来放肥皂粉或肥皂块。如果需要，可以在柜子上面部分装一个门。在抽屉下面固定一个钩子，挂装有晒衣夹的袋子。用镀锡铁皮很容易做一个取肥皂粉的简易小铲子，放在抽屉里。

· 纱门处阻吓苍蝇的装置 ·

本文将介绍一种阻吓苍蝇的工具。把150毫米长、227克的扇形粗棉布固定在窗帘杆的两边（如图）。在窗帘杆的两端安装棘轮以免卡住。用细绳子绕在窗帘杆的一端，并将绳子的一头固定在纱门上。杆的支撑安装在靠近门框上端的地方。开门时会拉动门上的绳子，使得带有粗棉布的窗帘杆转动起来，从而阻吓苍蝇。

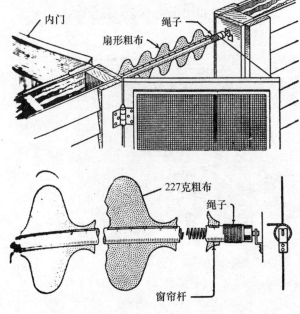

门打开时，带扇形粗布的滚轴很快转动，阻吓苍蝇。

· 在摇椅的摇杆下粘毛毡条 ·

地板表面被摇椅的摇杆磨损是令人非常恼火的事情。在每一个摇椅摇杆下面用胶粘一条毛毡，就能消除这种烦恼，延长地板的寿命。可用液态胶或油毡胶粘剂将毛毡条粘在木头上。为了使毛毡与木头粘紧，可用图示的夹紧方法，木板条与夹钳要保持一个晚上。

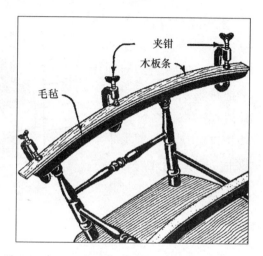

· 护鞋罩 ·

许多鞋子被酸、油、油漆、石灰水等毁坏。如果能妥当地保护鞋子，这些材料就不会对鞋子造成损害。图示的鞋罩是用一块橡胶、帆布

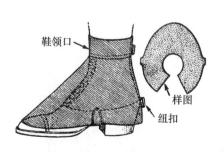

或其他材料做成，将材料剪成图示的形状并装上用相同材料做成的鞋领口。固定在护罩凸耳处的带子在足弓下面穿过，就像绑腿带一样。把从旧的保暖防水套鞋上取得的搭扣钉在鞋罩的后面，使鞋罩能很快穿上或脱下。

· 有铰链的窗台花箱 ·

把窗台花箱放置在窗台外侧一个带铰链的托架上（如图），与通常把花箱永久性固定的做法相比有许多好处。花箱可以从支撑框架上移走。框架用T型铰链固定在窗套木框上，并用托架支撑。窗户需要清洗时，该装置可以旋转摆开。这一特点使花箱中的花在下雨时很方便受到雨水的浇灌。

可以摆动花箱离开窗户，清洗窗户时就没有障碍。

· 手动操作的旋转风扇 ·

图示的旋转风扇比普通风扇好用得多，具有中等制作技能的少年都能制作。所需材料也是容易买到的。右图说明了操作方法。制作方法如后图所示。

扇叶用一张优质纸板剪成，长152毫米、宽140毫米。用胶把两片这样的纸板粘在一起，同时将驱动轴上端的木片塞进去，用胶固定。后图左边的小图说明了驱动轴上端的木片的尺寸及形状。

驱动杆直径为3.2毫米、长度是240毫米（见大图的右侧）。在上端平直处钻两个孔，绳子从中穿过，从而能使绳子在手把上端对应的驱动杆的位置上缠紧或松开。用铁丝做的支撑装在手把中间。当手把底部被压时，手把是以铁丝的两端为支撑点。手把是木制的，6.4毫米厚、13毫米宽、165毫米长。其端头加工成圆角，端头附近切出小缺口以便绑绳子。

在手把的上端套一条宽橡皮带，可以使手把上端靠近。使用风扇时用力向内压手把的下端使风扇转动。当手把的上端在橡皮带的作用下向内收回时，风扇便反转。

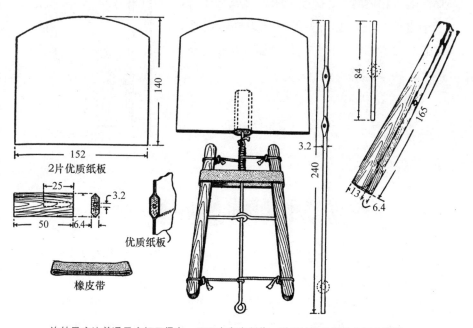

旋转风扇比普通风扇好用得多，且可在家中制作，详细结构及操作在图中说明。
（单位：毫米）

省力器具

· 响铃邮箱 ·

守候邮递员的到来常常是挺烦人的事。在邮箱中安装一个电铃就可解决这个问题。金属片A置于箱内的枢轴上，并在其一端加重物。电铃B与邮件箱下盒子内的干电池连接。邮件落入箱内时，A端被下压，形成电接触，从干电池C经导线D再经导线E返回的电路就接通。取走邮件后，重物使金属片升起，断开连接。

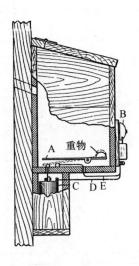

· 逗乐宝宝的电动玩具 ·

这个装置能逗宝宝快乐，对忙于家务的母亲有很大帮助，制作也不用花很多时间。在小电机上安装4个臂（见图）。在其中2个臂的端头装纸风车，一个为蓝色，一个为黄色。另2个臂上装形状古怪、颜色鲜亮的硬纸板，一个为红色，一个为绿色。驱动电机用2伏电池做动力。转动的彩色纸风车会逗乐坐在高脚椅中的小宝宝，制作此装置并不费事，但物超所值。

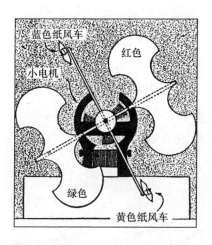

· 把小包挂到头上方挂钩的工具 ·

为了将小布袋或其他物件挂到头上方够不着的高处，且可以很方便地取下，可用铁丝做一个双眼钩。用单根铁丝先拧成图示的两个圆环，然后用余下的铁丝在一个圆环的一侧拧成一个弯钩。用一根带钉子的木杆钩住带弯钩的环提起小包，使上面的环钩在头上方的钉子上。

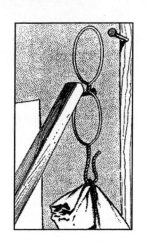

· 盘子刮刀 ·

在清洗盘子时，你会发现图示的刮刀没有声音，而且比用金属小刀快捷。其把手用一块直纹木材制成，在宽的一端锯出深度为19毫米的缝，缝中插入一片橡胶。橡胶片可以通过剪切旧自行车轮胎获得，用2颗或3颗穿过木把手的角钉固定。角钉头折弯或铆接。橡胶片的边缘要修直。

· 不滚动的线轴 ·

在线轴两端胶粘方形硬纸板可以使其不滚动。方形硬纸板应比线轴稍大一些。这就不用跑步弯腰去捡线轴了。因为线轴掉下去时，就停在它落地的地方不动。

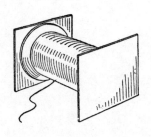

·绳索与杠杆做成的应急提升装置·

在手边没有滑轮组、链式吊车或类似设备的情况下，图中所示的简单装置可用来提升很重的物品。用50毫米×100毫米的木料制作杠杆A，在其上切出凹口以便放绳索，如图所示。两根绳索C和D绕过支撑

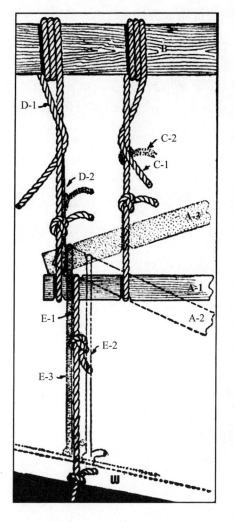

B，再绕过杠杆上的凹口系好，允许绳索端头C-1和D-1下拉并固定在地面或其他为提升重物所需要的支撑上。将绳索E固定在重物W上，用绳圈E1将其吊在杠杆A的适当凹口上。当杠杆在其原始位置A-1时，为了提起载荷，在杠杆一端向下施压，将杠杆移动到位置A-2。这就使下面的绳索到达位置E-2。拉紧绳索D的松弛部分将绳圈移动到位置D-2，并固定。然后把杠杆A从位置A-2提升到位置A-3，拉紧绳索C的松弛部分将绳圈移动到位置C-2。下面的绳索将被移动到位置E-3。重复这一过程，可以慢慢地提起重物。只要在支撑的承受范围与人员的操作范围内，绳索的长度是可以改变的。

隐藏秘密的地方

· 隐藏门钥匙 ·

众所周知，当没有足够的门钥匙分配给家庭成员时，人们习惯将门钥匙藏在门垫下或信箱中。因此，试图进屋的外人首先就在这些地方寻找钥匙。

用木钻和两片镀锡铁皮能快速而又容易地制造一个简单有效的藏钥匙处。挑选门廊栏杆上一处不起眼的地方，钻19毫米的孔，深度比钥匙长度长6.4毫米左右。将一片镀锡铁皮做成圆柱体，长度与钥匙一样，使其很容易滑入孔内。在圆柱体的一端焊接直径为25毫米的镀锡铁皮圆盘，使其外观像图示的那样。

若把钥匙放在圆柱体内，圆柱体压入孔内直至与表面齐平，任何不知道这个秘密的人是不大会注意到的。将筒底刷上与栏杆同样的颜色后，就更难被人察觉。

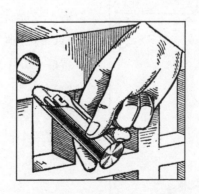

· 秘密箱盖 ·

可用下述方法做一个秘密箱盖，不知道其中秘密的人不可能将它打开。用两根钉子在盖子一端附近做盖子的枢轴，这两根钉子分别穿过箱子的上下面板钉入箱盖。在箱盖另一端的中间钻一个孔放弹簧和去掉钉尖及钉头的钉子。箱盖关闭时，钉子被压入在箱子侧棱内钻的孔中，箱子就锁定了。要打开箱子时，通过把硬针插入从外侧钻出的小孔，推压钉闩离开侧棱内的孔，同时向内压箱盖的另一侧就可以打开。用一些截短的钉子在箱子上钉一圈，可使箱盖看起来是牢牢钉住的，箱子的某一个侧面也可做成盖子的模样。截短的钉子可钉入侧棱内容纳钉闩的小孔，能很好地将其隐藏起来。在这个钉子的头上要做某种记号，以便把它与对面相应的钉子区分开。

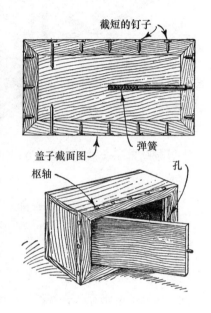

截短的钉子

弹簧

盖子截面图

枢轴

孔

· 放在书架上的秘密装饰品盒 ·

由于其实用性和新颖性，图中所示的装饰品盒非常值得花时间与精力去制作。不同的木料均适合图中的设计。盒的背脊与盒盖在槽中滑动，当盒子和背脊就位后，这些槽是看不见的。这就使想弄明白盒子如何能打开的人感到困难而有趣，因为需不断尝试才能发现只有把盒的背脊和盒盖沿

槽滑开才能打
开盒子。盒的背脊可
以像书脊那样做标记。
若要求特别保密，可在盒盖
上复制与其一起放在书架上的书的
封面。

做好的盒子

这种装饰品盒既实用又新颖，可
以与类似的合订本一起放在书架
上，作为秘密容器。

　　首先制作盒子框架的各部分。使用宽
度合适（本文中是50毫米）、长度足够的一
根木条，用来做盒的两个侧板及前板。使
用宽度为45毫米、长度足够的另一根木条，
用于做盒的隔板和假背脊板。将这些部分切
割成详图中标出的尺寸。小心地在侧板上标
出槽的位置，用锯锯出宽2.4毫米的槽。也可以将直木条夹在距端板顶部适
当的地方，沿木条小心地锯槽至合适深度。横跨木纹的槽可用类似方法锯
割，或在辅锯箱中锯割。

　　用胶把框架各部分粘在一起。务必使拐角处成直角。必要时，将方
木块放在里面，确保夹紧时不会影响盒子拐角处的直角。在胶粘底板及
盖板前，要把它们加工到接近最终的形状和尺寸；如果在边缘有小缺
口，可以在盒子做好后用刨刀将其除去。然后胶粘滑动部件，形成盒盖
与背脊。做此事时一定要十分小心，为了防止胶粘时各部件滑动，要从

一部件内侧向另一部件敲入小无头钉，进去部分钉子即可。如果做得仔细，只有少量胶被压出，干后可用凿刀除去。再把边缘修整到准确的尺寸，整体砂磨打光。然后就可以染色和刷虫胶清漆或其他亮光漆。在槽内滑动的部分不要刷虫胶清漆或亮光漆，因为这可能使它们粘黏。

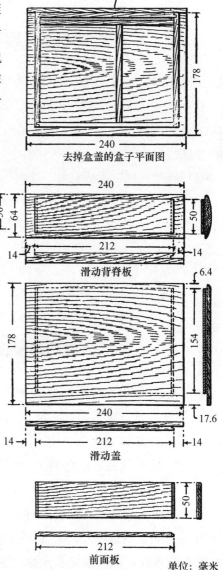

滑动背脊板

去掉盒盖的盒子平面图

侧板

滑动背脊板

滑动盖

假背脊板

隔板

前面板

单位：毫米

另类居住安排

· 旧草帽做的鸟巢 ·

用旧草帽做鸟巢是既实用又轻而易举的事。在草帽顶上挖一个洞。然后把草帽钉在大小合适的木板上。为了防雨淋，在它上面做一个图示的屋顶。

这样就给鸟提供了栖息处。这种鸟巢可以挂在树干上或钉在墙上。草帽仍保持本色，其余地方则刷成深褐色，看起来效果就很好。

· 木杆建成的房子 ·

由于必须在野外修养以恢复健康，有人采纳了在树林中建造木杆房子的计划。该方案很成功，所以决定办成吸引人们来度假的休闲度假地，其收入能作为生活费用。除了地板及屋顶材料是木板外，所有建筑都用直木杆建造，这些直木杆用树林中的小树树干加工而成，树皮保留。

选一块平坦地面建有三个房间的屋子。该地点位于树丛中，大多数小树是笔直的。很容易找到13棵树做成长度为3.6米的柱子，2棵树做成4.86米长的木杆。这两根长木杆置于主屋的两侧作为中心柱，它们直达

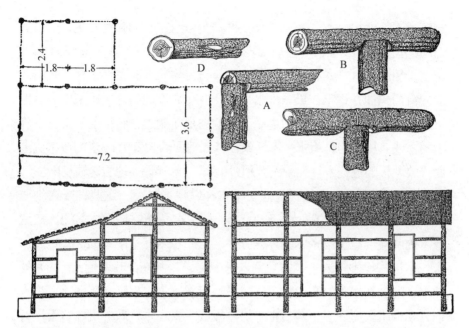

全部用原生木杆建造的房屋框架结构，垂直木杆固定在地下，吊铅垂线，目测得到所需比例的理想矩形。（单位：米）

屋脊。设计图为矩形，图中标出了木杆的位置，杆与杆相距1.8米，主屋的木杆必须深埋1.2米。主屋屋檐的高度为2.4米，具有四方斜屋顶；屋脊高为0.9米。决定这一高度的规则是取主屋宽度的四分之一作为屋脊高度。

要将四角的木杆小心地定位，占地尺寸为3.6米×7.2米，披屋[①]为2.4米×3.6米，然后吊铅垂线使它们垂直直立。用5根木杆做侧面的横木，要选择尽可能直的木杆，其两端与中间的厚度削去1/2，如图中A与B所示，钉在垂直杆的顶部，与中间各垂直杆的连接如图中C所示。

下一步就是在垂直木杆间用水平横杆固定它们，用于支撑墙板。这

_____

① 披屋，靠着大房所建的单坡屋顶小屋。

些横杆的长度约1.8米，在两端切出凹口与垂直木杆的弧度匹配，如前图中D所示。它们在侧面和前后面均匀分布，上下两根的中心间距为0.6米左右，用脚趾钉钉在相应的位置上。门与窗户的开孔在水平杆上做出，嵌入窗户构件并钉牢。第一排水平木杆放在靠近地面处，用来作为墙板下端的支撑，以及钉地板的边缘。它们固定在搁置在石头上的垂直木杆中间，或者更好的是将水平木杆放在打入地面的长度为1.5米的短木块上面。放地板的这些木杆相距不要超过0.6米，使铺设的地板比较稳固。

距主屋一侧2.4米处，竖立三根木杆以建造披屋。这些杆子在地面之上为1.8米。披屋的橡木长约2.9米，在两端开槽口与横木适配，房屋橡木的两端要锯得与横木的外侧齐平。主屋橡木杆全部是0.25米宽、2.4米长。这些橡木杆的上端需切割以适配屋脊，并在离其下端约0.38米处开槽，配装在横木的圆边沿上，然后直接置于每一根垂直墙杆上。把它们钉在横木及屋脊上，然后把一块木板或一根小木杆做的支撑置于屋脊下，并钉在橡木上。在橡木上按间距0.3米横向放一些木板。也可用金属屋顶材料，它只需要间隔固定。为防生锈，放置前要将金属材料的底面很好地油漆，固定到位后在外面再刷油漆。若想要更结实的披屋，最好用木板铺设密实的屋顶，然后用常规的现成屋顶材料覆盖。

选择并伐倒一些大树，然后切割成1.2米长的木段，去掉树皮。如果可以，树皮以1.2米的长度取下。把树皮钉在垂直木杆的外侧，以与铺设屋顶同样的方式从墙底部开始，形成房子的墙板。如果想要更结实的房屋，在木杆上先钉木板，再把树皮固定在木板上。室内的墙板也这么完成。

门廊也采用通常的方法建造，栏杆做成格子式样。门廊屋檐上的装饰件很容易制作，只要把枝条劈开，再紧靠屋檐钉上形成檐壁。在门廊及房屋内铺地板的方法、门及窗框的安装方式都与普通房屋一样。

在庭园周围建造围栏，先立好木杆柱，在木柱顶上水平放置横木，砍削及装配方法与房屋上的横木一样。接下来围栏各部件的装配方式与房屋的栏杆一样。门框用两根垂直杆及两根水平杆做成，其高度为木杆柱的高度。在门上沿对角线钉两根木杆，形成交叉加固件把门加固，接着在中间固定两根短横杆。请铁匠做一些铰链（见图示），在立柱与门垂直杆中钻孔，再装上铰链，从而把门挂起来。接着制作门闩，方法如下：在门垂直杆上钻一个孔，孔要穿透门的垂直杆并穿到门中间的短横杆的一端，然后在短横杆侧面切割出一条缝。把门闩轴加工好，插入水平孔中，在短横杆的割缝处插入销子以固定门闩轴。在立柱上钻一个接收门闩轴端头的孔就可以了。

　　在庭院入口处建大立柱。以与做小门同样方式制作的双摆动门连结在柱上。这些大立柱用4根细长木杆建造，比围栏高得多。这些木

在围栏必要的地方开门孔，木杆门以常规方式挂起。

杆置于边长约450毫米的正方形的四个顶点，通过斜接方法安装正方形的顶，再把4根小橡木固定在顶上。转门在类似于小门用的铰链上摆动。

秋千是庭园中最有趣味的娱乐设备。秋千可以带桌子，也可以不带桌子。4根长约6米多的木杆以一个角度固定在地上，每一对侧杆用2根约3.6米长的水平杆连接。吊具以等距离的间隔固定在2根水平杆之间。侧杆间的距离取决于秋千的尺寸和坐的人数。每一对侧杆用交叉木杆加固（见图示）。如果秋千上不用桌子，木杆可以放得靠近一些，顶部的水平木杆长度可为2.4米左右。秋千摆

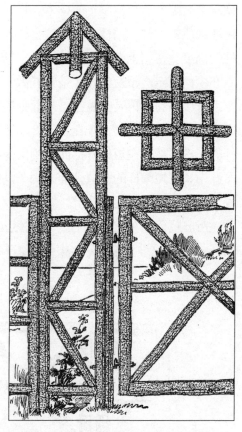

庭园入口处有大立柱和摆动门，看起来很吸引人。

动部分的平台的框架由2根长3.6米的木杆组成，它在6根垂直杆上摆动，每根垂直杆的长度为4.2米。这些杆子用长螺栓与顶部水平木杆连接，长螺栓贯通2根水平木杆。这些杆子的底部以同样方式与下方的水平木杆连接。横过下方平台的水平杆钉一些木杆，形成地板，也用木杆形成桌子及两端的座椅。图中清晰地示出了结构。

如果两棵树之间的距离较短，可以利用这个空间制成一把椅子：每

一棵树上固定一根水平木杆，两端用加固木杆支撑。在水平木杆表面钉木杆做成椅子。

　　用木杆还可制造屋里和庭院中用的其他家具。在地上竖立4-6根杆子，再做一个木杆桌面或木板桌面就能建成野餐者用的桌子。与桌腿交叉放置水平木杆，在水平木杆伸出的两端制作桌子的座位。椅子用同样的方式建造，整个结构均采用木杆。

秋千

带椅子的野餐桌

整装待发

· 制作自用的扁平行李箱和旅行挂衣箱 ·

扁平行李箱

只需要用普通工具（如锤子、锯、刨子和旧烙铁）就能制造本文描述的扁平行李箱。此外，需要一个胶锅及一两把刷子，用于上胶和给做好的箱子刷漆。

能采用的木料有几种，按它们的适用程度由大到小排序如下：3层胶合板、椴木、云杉、糖松。胶合板比较贵一点，但重量轻而且耐用，若与纤维质料结合使用，做的箱子几乎不会坏。不管用这些木料中的哪一种，全部取13毫米厚的材料，两面修整，尽可能光洁。

做扁平行李箱时，可采用300毫米宽的板，不浪费材料。箱子的尺寸见图1。为了防止箱顶和箱底在木板的连接处翘曲，将圆钉打入板边缘约150毫米。把圆钉头切掉，对接下一块板（见图2）。若需要，在它们压接到一起前，拼接处可以涂胶。

顶板及底板与四个侧面的木板拼接就位后，在每一侧距顶部100毫米处画标记线。然后从拐角处开始，小心地锯木板，沿着标记线，绕整个箱子锯穿，直至箱子被锯成两部分：箱盖与箱底。这个办法保证了两部分绝对匹配。把箱底部分平放，在每一侧距上边缘50毫米处画一条线，在上边缘的中间画另一条线，用刨子将板的外侧刨成斜面到50毫米标记线处（见图3）。把图4所示的一些镀锌铁皮弯成直角。弯好后，在铁皮边上每隔25毫米冲一个孔用于插入25毫米长的平头钉。这些钉子很容易弯曲，所以必须事先为其冲孔。孔距铁皮侧边沿的距离约为6.4毫米，冲孔时不要产生毛刺。

用舞台专用"布景亚麻布"作为箱子的覆盖装饰，这种布约需1.8米。这种材料一般可从舞台木工或布景师处取得，花费很少或不要钱。即使买新布，花费也不多。剪一条350毫米宽，长度与所覆盖面一致的布。调好一罐胶，在箱子的外面薄薄刷一层，不要刷厚了，因为它仅仅用来填充木料中的毛孔。干了以后，再涂一层较厚的胶，尽可能平滑均匀。在侧板上粘好亚麻布后，底部及顶部的覆盖按同样方式进行。

现在把镀锌铁皮包角钉到预定的位置，图5清晰地说明了如何把钉子钉入，并把钉头敲弯的方法。钉子敲入穿过木板，用圆鼻钳把钉头折弯，再用旧烙铁压住钉子头，把弯转的钉头用尖头锤敲入木板内钉牢。在箱子的每一边沿钉上约13毫米宽的镀锌铁皮条。横过每一侧中

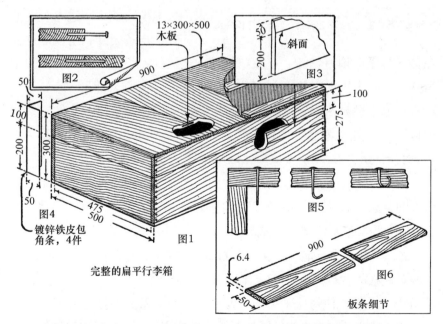

完整的扁平行李箱

板条细节

在漫长的冬季，最有益的工作就是制作扁平行李箱，期待明年的暑假。（单位：毫米）

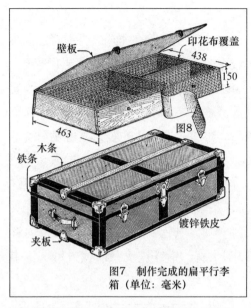

图7　制作完成的扁平行李箱（单位：毫米）

这种扁平行李箱没有买的箱子贵，但十分牢固好用。

间及顶部和底部的各端头处，把约50毫米宽的镀锌铁皮条按前述的方法钉牢，并把钉头敲弯。图7的黑条显示了这些镀锌铁皮条的位置。

需要5-6米长的橡木或胡桃木加工成图6所示尺寸的板条，使箱子经得起磨损。用平头针把6根900毫米的横木条以相同的间距固定在箱子的底部及顶部。因木头太硬会使钉子进入时弯曲或使木条裂开，所以必须先在插入钉子的地方钻孔。在底部与顶部连接处，绕整个箱子包一圈薄条铁，用固定铁皮包角的方法固定它们，每隔150毫米插入一个钉子。在长边的一侧装一对铰链，3个铰链更好些，甚至可以用4个铰链。需要以下一些五金零件（任何五金商店都能买到）：2个结实的箱子搭扣、4条金属夹板、8个铁包角、1对箱子把手及1把优质箱锁。

箱子内壁用花棉布或类似材料衬里，用普通的糨糊粘贴。两根19毫米×25毫米×475毫米的木条用螺钉固定在箱子底部的内侧，一端放一根，离边沿50毫米，用于支撑底盒。

底盒的材料尽可能轻：长侧面的厚度13毫米，短侧面厚度6.4毫米。顶板及底板的材料用厚约6.4毫米的壁板。底盒按图8所示尺寸制造，顶部做得窄一些，使得盖子关闭时方便些。底盒做好并按需要加上间隔后，用一段平纹细布作为铰链把盖子胶粘到底盒上。然后用与箱子衬里类似的材料粘贴覆盖。分别在箱盖和底盒上安装带子和按钮，防止盖子打开。

旅行衣柜箱

为那些喜欢用旅行衣柜箱替代扁平行李箱的人，本节描述并图解了它的结构及尺寸。

用纤维材料覆盖衣柜箱增加的建造成本不多，却极大地增加了其使用寿命。无论有无覆盖纤维材料，箱子的建造方法与扁平行李箱是类似的。这种情况下，在箱子的正中间锯切，箱子深度是600毫米。其他操作（例如，加固拐角处）基本上是一样的。不过在用纤维材料时，边沿不用镀锌铁皮包角。代替它们的是已经压制成型的纤维材料或牛皮。从纤维材料或牛皮制造商处可以获得38毫米的纤维材料或牛皮用于包

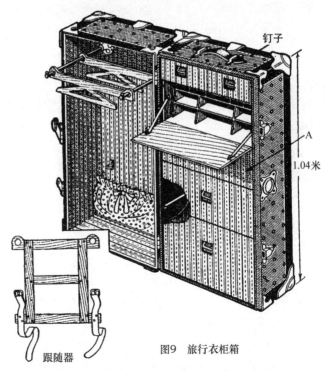

图9　旅行衣柜箱

此图展示了纤维覆盖的旅行衣柜箱，其内部配置可随个人的需求改变。

角。由于两种材料都很坚韧，必须在其上钻孔放钉子。这种箱子没有必要用横木条，但用纤维板时，先在箱子的每一侧将表面划分为100毫米方块，再用圆头钉将纤维板铆在木头基板上。如图9所示，钉子沿这些线放置。除了在拐角处采用纤维包角外，所有的外沿都可以用类似的方法保护。在用纤维板覆盖露出的边沿后，将纤维包角加上。像在扁平行李箱中那样，这种衣柜箱上也用金属角作为附加的保护。但是，在箱子内部的配件安装前不能加纤维覆盖，因为有些配件必须要穿过木板固定。

有关衣柜箱内部的配置，不需要说太多，因为个人的喜好与需求不同。在箱子内部固定两个三角架（或像安装灯具时用的三角座），用于制作支撑衣架的架子。这些配件的尺寸可以不同，最好是有螺纹的能装入9.5毫米的管子或圆杆。在箱子加纤维或帆布覆盖前，用埋头螺钉将它们连接到箱子上。螺栓头应埋入，防止在外面凸起。携带衣架的突出臂用直径为9.5毫米的铁杆制造。每一臂需要200毫米长的铁杆两根。臂的一端刻螺纹，以拧入三角座配件内，两段铁杆用转向铰链连接（见图10）。每一臂的外端有一个钻通的孔，插入从一对铰链上取下的小型球头销，防止衣架滑出。

衣架最好用3层胶合板加工成图11所示的形状和尺寸。胶合板不像直纹木料那样容易开裂或变形。需要约9个衣架，若有带锯，这些衣架可以一次锯出。

为了把衣服保持在一定位置，所有衣架在臂上定位后，将图9所示的跟随器置于臂上。两根皮带铆在此跟随器的下面，穿过系在箱子背板上的带扣。把带扣上的舌片除去（图12），所以皮带能通过带扣滑动，并在箱子关闭前拉紧。

抽屉用加覆盖前铆在箱子上的13毫米角铁支撑。底部装一个用与箱子衬里相同的材料做成的鞋袋或洗衣袋。袋子开口处做褶边，使袋口能

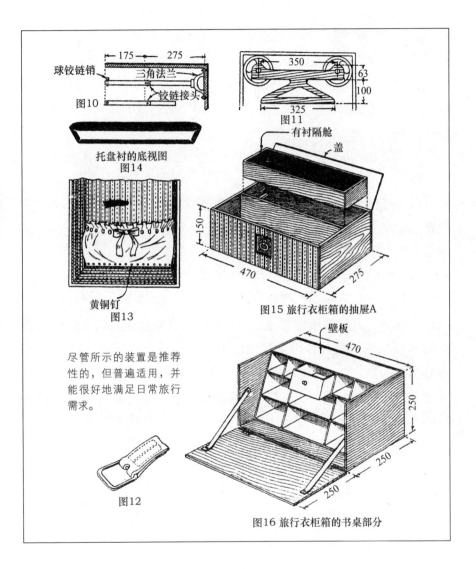

图10
球铰链销
三角法兰
铰链接头
175 275

图11
350
63
100
325

托盘衬的底视图
图14

黄铜钉
图13

尽管所示的装置是推荐
性的，但普遍适用，并
能很好地满足日常旅行
需求。

图12

有衬隔舱
盖
150
470 275
图15 旅行衣柜箱的抽屉A

壁板
470
250
250
250
图16 旅行衣柜箱的书桌部分

收紧（图13），使鞋或衣物留在袋内。

上面的抽屉可以配备有衬隔舱，用于放首饰珠宝或其他贵重物品。衬垫最好用硬纸板剪成，尺寸要与隔舱的四个侧面及底部相符。首先把棉絮按要求的厚度放在硬纸板上，然后用平纹细布包上，用胶将平纹细布粘在纸板底面（见图14）。再将一块深色丝绒布覆盖在平纹细布上，以同样的方式用胶粘住。有衬隔舱置于抽屉A的后部（见图15），当抽屉被打开或箱子没有锁上时，不会引起注意。每一个抽屉都装上便于开启的把手。

图16说明了书桌的隔间，其占有的空间也可用于储存衣服或其他随身物品。

箱子打包时，取下携带衣架的水平臂末端的销钉，把跟随器放到位，把衣服压紧，扣上皮带，放回销钉，臂向内转，这样就把所有的衣服固定在一个位置。

在加横板条与金属配件前，给整个箱子的外面均匀涂一层加少许灯黑颜料的金属白底漆，这种底漆呈浅灰色，然后至少干燥24小时。底漆干燥后，再加涂箱身漆，通常是深棕色或暗橄榄绿色。这种油漆可以买现成的，最好是没有光泽的色彩，然后涂一层亮光漆。这种没有光泽的色彩在日本称为基色或大漆。它用松节油稀释，其中加几滴生亚麻油作为粘结剂。干净利落地给帆布涂上棕色或绿色，然后给镀锌铁皮或纤维配件涂黑色，黄铜包角、锁和夹件仍保留亮色。横木条不上色，涂两层橙色虫胶清漆。最后将整个箱子涂一层优质亮光漆。

若要油漆纤维材料覆盖的箱子，就不需要底漆，直接在纤维材料上加色漆，如上述的那样完成全部工作。

· 便于装运的箱式书柜 ·

有时，技师、工程师等从事的工作使他们在一个地方停留几个月。希望随身携带一个小书库的人发现图示的箱式书柜非常方便实用。它可以作为一个行李箱装运，在宾馆或居所又可用作书柜。书以外的其他物品也可放在其中。闭合时的外形尺寸是775毫米×450毫米×450毫米。它可用19毫米厚的松木或白木板制成，涂上颜色或用浸渍帆布覆盖。外角用金属包角片和合适的配件加固。

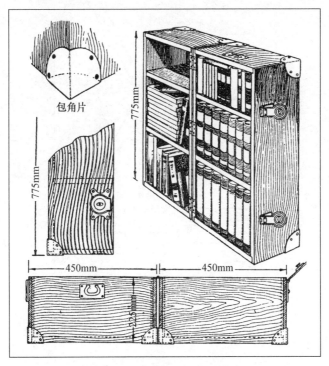

在这种书柜中很方便装运一个小书库。

· 搬运箱子和家具的三轮车 ·

图中所示的三轮车用来搬运重物非常方便，特别是在家中使用市面上销售的设备不合适时。由固定在直径300毫米、厚度22毫米圆盘上的三根32毫米×50毫米×350毫米木条组成框架。旋转脚轮安装在三根木条的端头，在运送重物时可以很自如地移动。用三个轮子比四个轮子好，因为它能适应不平整的地板。

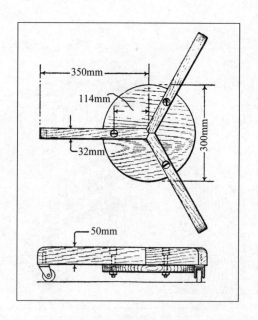

第二章
手工制作的家具

书籍用具

· 书的支架 ·

抄写软皮书时，它难以保持在直立位置。常用镇纸[①]来压住书，但效果并不令人满意。

附图所示的书的支架可以牢牢支撑住这种书籍，翻页很容易，每页被遮盖的部分很少。

图1

图2

切割木箱的一角得到支架，配装两个螺钉环，把图1中螺钉环的虚线部分去掉。背板的长度决定了书支架的斜度。

· 书柜与写字台组合 ·

设计写字台时，将其与书柜结合可以带来许多方便，因为书柜中可以存放最常用的那些参考书籍。

所需材料及尺寸如下：

主框架

● 2个侧板，22毫米×420毫米×1700毫米

---

① 镇纸，写字作画时用以压纸的东西。

- 1个底搁板，22毫米×305毫米×819毫米
- 1个顶搁板，22毫米×235毫米×819毫米
- 1个背板，9.5毫米×1016毫米×787毫米，用几块宽度合适的板拼接而成

书桌

- 1个桌板，22毫米×410毫米×762毫米
- 1个书桌盖板，22毫米×394毫米×762毫米
- 1块用来做隔间的木料，9.5毫米×178毫米×1829毫米

书柜

- 1个书柜底板，22毫米×232毫米×762毫米
- 1个书柜中板，22毫米×213毫米×762毫米
- 4根门框边木条，19毫米×32毫米×483毫米
- 4根门框横木条，19毫米×32毫米×343毫米
- 2根直棂条，6.4毫米×25毫米×445毫米
- 2根直棂条，6.4毫米×25毫米×343毫米
- 1根上横木，22毫米×127毫米×762毫米
- 1根装饰板条，6.4毫米×9.5毫米×3048毫米

主抽屉

- 1个前板，19毫米×102毫米×762毫米
- 2个侧板，9.5毫米×102毫米×394毫米
- 1个背板，9.5毫米×83毫米×749毫米
- 1个底板，9.5毫米×387毫米×749毫米
- 2个抽屉滑道，22毫米×38毫米×381毫米
- 1根下横木，22毫米×38毫米×762毫米

　　由于书柜侧板相当宽，最好是用两块胶粘在一起。为了得到坚固而又齐整的连接，请有经验的木工制作或在工厂中制作。厚边沿要细心地刨平，在其上开9.5毫米宽、12.7毫米深的槽，以便容纳9.5毫米厚的背板。侧板的底部（或书柜脚）要与背板边沿做成直角，否则，桌子做好后容易摆动或扭曲。底搁板和顶搁板作为主要的横向支撑板应做标记后再切割，下搁板的榫头做得比上搁板的榫头宽一些。顶搁板要开12.7毫米深、9.5毫米宽的槽，与钉在其上的背板适配。侧板上所需的榫眼根据各搁板相应的

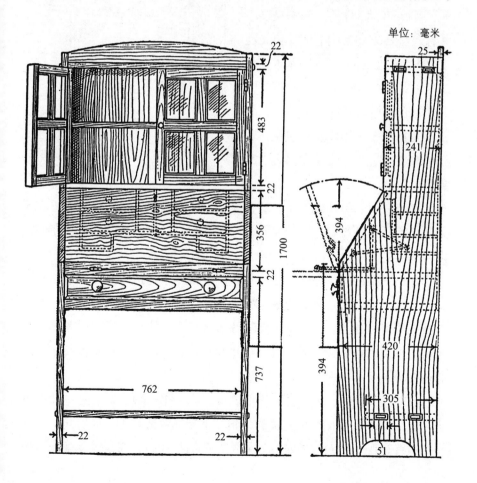

榫头标出，然后用凿刀凿出。完成后，把组成框架的这四部分装配起来，可以用穿过榫眼的盲螺钉或定位销保持在一起。

然后安装桌板和两块图书搁板，用穿过侧板的盲螺钉（或从内部用夹板）固定。为了成品的外观整齐起见，背板应仔细地拼接，没有裂纹，用打入各个隔板的钉子固定。再安装上横木（放在书柜上）及下横木（形成抽屉支撑的一部分），用盲螺钉从外面（或从内部斜着穿过横木）固定在侧板上。把抽屉滑道安装到位，与下横木的上边沿齐平，并用螺钉固定到侧板上。

书柜与写字台组合，它可用金色橡木或桦木制成，与类似结构的其他家具匹配。

按照常规的结构做抽屉。前板靠近下边沿的地方要开槽与抽屉底板配装，前板距两端13毫米处也开槽与侧板配装。底板及背板配装在侧板内切割出的凹槽中。再装上适当的拉手或旋钮把。

对于书柜的门，最好的结构是把门框横木条与边木条用榫连接约13毫米。在门内边沿切出的13毫米深、6.4毫米宽的槽，用于装玻璃。用装饰板条将其固定住。为了使门有分割成4部分的外观，将直棂条或十字条与门框横木条和边木条配装，再用角钉把它们固定。用对接铰链把门装在书柜上。

做书桌盖板时，要选择特别的木板，因为书桌最后的外观主要取决于它。应使端头与侧面成完美的直角，下端或铰链端加工成斜角，与桌板的边缘适配。用对接铰链固定到位，在门打开时，有铰链支架或链条支撑它。关闭时，它靠在固定于书柜底搁板下侧的木条上。

安排书桌里的隔间时，可以将整个隔间的底板放在桌板上，使整个抽屉和图书搁板可以很容易取出。

用砂纸彻底磨光并装饰后，就得到了一件实用、方便而又美观的家具。

· 书架 ·

制作图中的书架所必需的材料如下：两块端板，16毫米×133毫米×152毫米；一块搁板，16毫米×133毫米×368毫米。

搁板加工成矩形，宽133毫米，长368毫米。搁板两端为榫头，厚9.5毫米，宽108毫米，伸出6.4毫米。

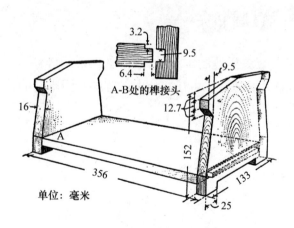

两端板加工成图示的尺寸后，标记并切割出与搁板榫头匹配的榫眼。各部分装配时，用胶把它们胶合到正确的位置，然后用手夹钳夹住直至胶固化。使用一种优质着色剂能使书架的外观更完美。

· 折叠书架 ·

当需要一个能放在行李箱中带走，且不占有箱内放衣物空间的书架时，可以按下述方法做一个：取一块厚16毫米、宽152毫米、长457毫米的松木板，在一面画出设计图。离端头19毫米处的边上钻

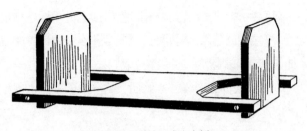

书架两端向下翻转，成为直板。

孔，钉入38毫米的圆头黄铜螺钉。按设计图样用线锯锯出两端，边缘用细砂纸打磨光滑，然后把表面染色，涂一层蜡。螺钉置于孔内，使端板在其上转动就像在轴承上转动一样。使用时，端板转至直立位置。

· 自制书夹 ·

一块木板及四根装饰钉，就是迅速制作一个书夹装置所需的材料。穿过木板的每一根钉子要能灵活转动，可任意拉出以容纳不同厚度的书籍。

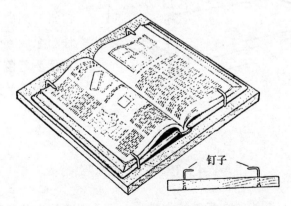

钉子

把打入木板的钉子的一端弯成钩的形状，夹住书籍。

· 构造简易的壁架 ·

　　建造如图所示的一组简单壁架所需的全部材料是：做搁板的木料，四个螺钉环，四个螺钉钩，足够的用于加固和支撑的镜框线，以及若干个固定镜框线的木螺钉。在上搁板的上表面固定四个螺钉环，两个靠近墙边，两个靠近另一外侧。用四个螺钉钩固定上搁板，其中两个螺钉钩钉在墙上合适的位置，以便钩住上搁板靠近墙边的两个螺钉环；另外两个螺钉钩钉在前两个的上方墙壁上，用镜框线与外侧的螺钉环连接，从而形成结实的斜向支撑。其余的搁板用镜框线挂起，这些镜框线用木螺钉固定在每一块搁板的端头。

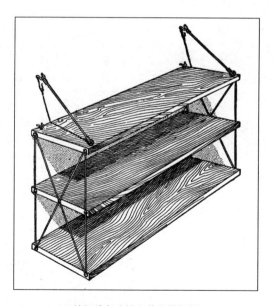

用镜框线架在墙上的书籍搁板。

座椅与储物

· 有储物箱的厅堂座椅 ·

右图是制作方便而又结实的厅堂座椅的一个简单设计。最好用与其周围环境匹配的木料制作。所需的材料为：

- 2块端板，22毫米×355毫米×710毫米
- 2块横木板，22毫米×152毫米×965毫米
- 1块座板，22毫米×355毫米×921毫米
- 1块底板，22毫米×311毫米×921毫米
- 2根座板加固木条，22毫米×22毫米×311毫米
- 2根底板加固木条，22毫米×22毫米×292毫米

在两块端板A上标记同样的轮廓线，用线锯切割。若采用细齿锯，板的边缘很容易用砂纸磨平。否则，需要用锉刀除去粗锯痕迹。横木板B按图示的尺

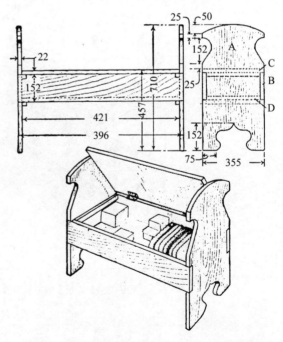

使命派风格厅堂座椅的结构详图。（单位：毫米）

寸加工，两端要方直，然后在端板A的适当位置做记号，以便刻槽放横板。可用50毫米的圆头螺钉把横木板固定在端板上。座板C用50毫米的对接铰链连接在后横木板上。为了防止座位板凹陷，在每一端用加固木条支撑它，加固木条是用螺钉固定在端板A上的。若座椅容易变形，可在下面用螺钉固定两根加固木条使其平直。底板D可用穿入横木板的螺钉固定到位，或者放在用螺钉固定在端板上的加固木条上。座椅装配好并用砂纸磨光后，可加以修饰得到满意的外观。

· 简易工作台 ·

农场或家庭作坊必须有这样的一个工作台，它很坚固足以承受一个台虎钳的使用。图中显示了一个简单、廉价的工作台，它的主体部分是结实的木桶，桶中间是四周用砂石紧紧包住的粗柱子。尺寸符合要求的一块木板固定在柱子的顶端，虎钳就安装在板上。这种工作台占地不多，它特别适合用于农场或家庭作坊。

砂石
立柱

· 脚凳 ·

制作图中所示脚凳所必需的材料如下：

- 2块端板，25毫米×250毫米×375毫米
- 3块横向加固板，25毫米×100毫米×300毫米
- 2块端头加固板，22毫米×100毫米×200毫米
- 1块顶板，13毫米×200毫米×300毫米
- 1块皮革，326毫米×376毫米
- 若干圆头木螺钉及钉子

先在两块端板上画出轮廓，再用线锯或弓形锯切割。若没有这些工具，可用键孔锯。首先在一端钻一个中心开孔，再用锯切割。三块

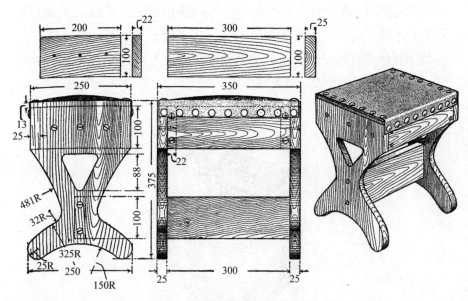

有皮革面装饰的脚凳。（单位：毫米）

长加固板的每个端头都要精确地做成直角。脚凳的结实程度取决于这一工作的质量。座位是盒子形状，开口一侧朝下。座位顶板13毫米厚，200毫米宽，300毫米长；侧面由两块长加固板形成，端头是两块短加固板。所有木板用钉子固定在一起形成一个盒子，再用圆头木螺钉固定到位，使其与端板的上边沿齐平。在铺皮革时，在每一端要转到下面13毫米，在前后两个侧面往下延伸38毫米。这就为座位下填塞软垫提供了足够的宽松度。可以采用大圆头黄铜钉，得到整齐的外观。这样，凳子就准备好可以上色或装饰了。

· 容易制造的搁脚板 ·

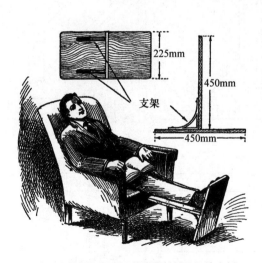

制作图中的搁脚板所需的制作材料是两块木板及一对金属支架。

用两块厚度为19毫米的木板和一对金属支架就很容易制作一个舒适的搁脚板。两块木板均为225毫米×450毫米，互成直角用螺钉固定在一起，金属支架固定在板下面，用以加固。木板的所有尖角要磨圆。根据需要，整体涂油漆、清漆或上色。如图示那样使用搁脚板，保持它的位置毫不费力。

· 编织凳面 ·

制作这种凳子所需的材料如下：

- 4条凳腿，45毫米×45毫米×400毫米
- 4个下横板，22毫米×45毫米×400毫米
- 4个上横板，22毫米×50毫米×413毫米
- 4个斜加固板，22毫米×45毫米×152毫米

在凳腿上做榫眼，使上横板能水平放置。仅在上横板的侧面上做榫头，在端面做斜角。凳腿上用于安装下横板的榫眼做得一上一下，下横板在所有侧面上做榫头。加固板两端加工成45度角，用胶将其固定到位。

编织顶部的步骤如下：用湿编织条在整个顶上先包一层，织物条要紧靠并紧紧缠绕。第二层与第一层成直角开始编织，首先第一条在一条下穿过，然后越过三条，在接着的三条下穿过，再越过后面的三条，在随后的三条下穿过，如

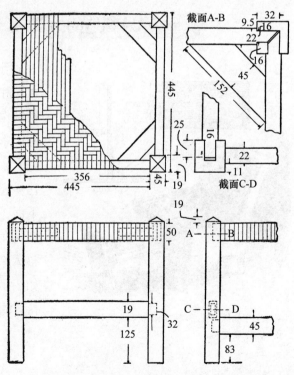

框架结构及铺设编织条凳面的方法。（单位：毫米）

此按三条上三条下编织，直至这一条编织结束。编织第二条时先从两条下穿过，然后越过三条，在接着的三条下穿过，像前面一样织完这条。编织第三条时先从三条下穿过，然后三条上三条下编织。开始织第四条时，先越过一条，再在三条下穿过，再越过三条，如前面一样往下织；开始织第五条时，先越过两条，然后按三条下三条上重复编织。织第六条（这一系列的最后一条）时先越过三条，

用湿芦苇条编织凳面。

然后如前述的三条下三条上继续编织。结束这一系列后，以前六根的次序完成凳面的其余部分。优质虫胶白漆是凳面最好的装饰，可按需求装饰凳子。

· 如何制作高脚凳 ·

4根丢弃的旧扫帚把，3块按图加工的木板及一些螺钉就可以做成一把结实的高脚凳。凳腿要放在图A的孔内，用穿过木板边拧入孔内凳腿中的螺钉固定。凳面B应固定在A上，凳腿用方形木板C加固。螺钉穿过凳腿拧进方形木板中，以固定木板。

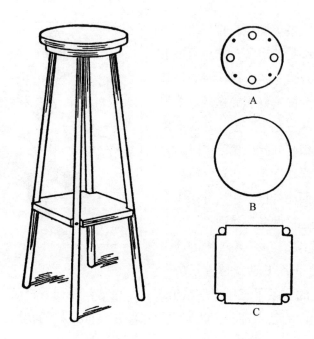

A

B

C

· 木条制成的上漆扶手椅 ·

心灵手巧的女人用松木条制作了适用于梳妆台的扶手椅，其结构简单，线条美观。除木板椅座外，仅用三种尺寸的木料：50毫米×50毫米，25毫米×50毫米，13毫米×50毫米。各部件之间用螺钉固定，在露出的地方用圆头黄铜螺钉。椅座两侧间比前后要宽一些。刷两层白漆及一层瓷釉使椅子有良好的饰面。根据个人的需求，尺寸可以变化。建议的尺寸如下：椅背：800毫米高，600毫米宽；侧面：到椅子扶手的高度为650毫米，宽475毫米；椅座：离地板高度为425毫米，从前到后的宽度为450毫米，前支撑间的宽度为500毫米。木料均要按尺寸刨成四方的，并用砂纸打磨光滑。端头要用细齿锯在辅锯箱内锯方并磨光，注意不能把端头弄成圆头。

业余工匠喜欢制作这种结构简洁的扶手椅。

· 可拆卸的椅子扶手 ·

家中的孩子及其他成员均能使用这种可迅速安装在普通椅子上的扶手。用带有翼形螺钉的金属条把宽扶手夹在椅背上，用铰链把立柱固定在扶手上，扶手上可以放器具。立柱的下端用金属直角件固定，角件安装在椅子的边角上。

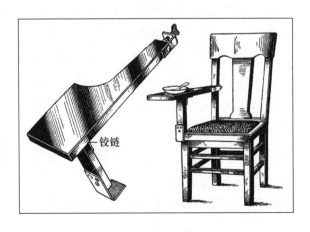

铰链

书桌和台子

制作附图所示的客厅桌子所需的材料如下：

- 1块桌面板，25毫米×650毫米×1025毫米
- 1块底板，25毫米×400毫米×875毫米
- 2块侧横板，19毫米×100毫米×825毫米
- 2块端头横板，19毫米×100毫米×525毫米
- 2个面板加固件，25毫米×100毫米×487毫米
- 4个脚垫，45毫米×100毫米×100毫米
- 2个立柱，150毫米×150毫米×650毫米
- 2个侧角条，25毫米×25毫米×787毫米
- 2个端头角条，25毫米×25毫米×438毫米

底板可用两块厚25毫米、宽200毫米的板制成，小心地将它们胶粘在一起。在底板的下面胶粘两个加固横条，并用螺钉固定在底板上。这两个加固横条的尺寸根据自己的需要而定。脚垫固定在底板上，脚垫的一个端头与一个侧面均凸出25毫米。若认为中心支撑可取的话，可另外再加一个脚垫在底板中间。不过可能产生摇晃，除非地板很平。立柱用结实的150毫米×150毫米的木料制成，长度为650毫米，小心地将端头弄成方形，把立柱加工成锥形，上端为100毫米见方。如果需要，也可以把木板切割并固定在一起形成中空的锥形立柱。无论何种情况，都要将它们置于离底板每一侧100毫米处，用螺钉固定。接着将横板加工好，在拐角处用斜接接头装配形成525毫米×825毫米的矩形框架。把它胶粘在面板上，也可以用木工斜钉钉住。为了更可靠地

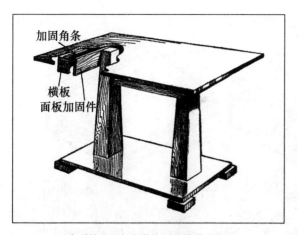

加固角条

横板
面板加固件

以各种橡木及红木装饰制作的美观桌子。

加固，绕此框架内侧边固定一圈25毫米见方的角条，与横板的上边沿齐平。面板用螺钉固定在其上。当面板放在立柱的100毫米×100毫米的端头上时，为了防止倾倒，用两根面板加固件。用螺钉把它们固定在立柱外侧，其上边沿加工成与桌面板适配的斜面。它们的长度应与侧横板之间的长度相同，并用从外侧打入的装饰钉固定。也可用胶粘和木工斜钉使面板更可靠地固定在加固件上；要小心，不能有钉子穿过桌面。把桌子彻底打磨光滑后，就可按自己的意愿装饰了。

· 可折叠的壁挂办公台 ·

为了给空间有限的店铺提供一个廉价的办公台，一位店主设计了附图所示的可折叠壁挂办公台。店主的这个办公台是用包装箱加工而成，带铰链的盖子用质量较好的木板制成。为了有一个好的书写表面，用图钉在书写板上固定一张厚纸板，需要时可以更换。台子里面可以安装一些间隔，用来放各种各样的商店文册及文具用品。用金属片做的墨水瓶支架固定在台子的端头，墨水瓶挂在其中，也有空间放其他的瓶子。铰链盖子有搭扣和挂锁。不用时，可把台子向上翻转，

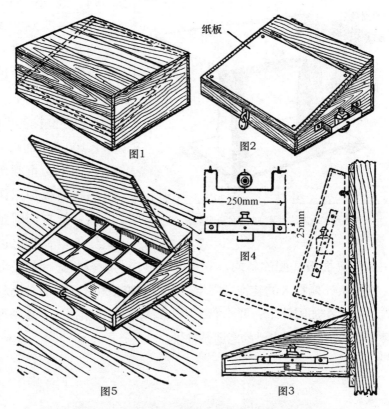

图1是制作台子用的包装箱，按虚线切割形成倾斜的书写台面。图2是台子的正常位置，挂在墙上时示于图3，盖子抬起，露出内部的隔舱示于图5。

用小门锁锁住靠在墙上。把丁字尺靠在书写台左边，就能很方便地在书写台上绘图。

　　拥有工具的少年或业余工人用库存木料制造此桌子的详细施工步骤如下：首先确定拟制作的办公台的尺寸。合适的尺寸是：750毫米长、450毫米宽、后面为175毫米高、前面为100毫米高。采用20毫米厚的软木，松木和杨木都可以。各部件开始装配前，先把它们加工成型。木料要刨平，制作完成时可用砂纸稍微打磨。简单地把各部件摆放好，使它们钉在一起后成为图中所示的模样。首先加工两块侧板，大的一端宽135毫米，小的一端宽60毫米，长度为410毫米。加工时，把两块板夹在一起，使它们的形状一致。制作一块背板，宽138毫米，长750毫米；一块前板，长度与背板一样，宽63毫米。把它们钉在侧板的端头（如图示），允许前后板稍稍比侧板的上端突出。用木刨将多余木料修去，使前后板与侧板上表面的倾斜程度相匹配。制作一块宽100毫米的木板作为桌子的上桌边，书写台板用铰链与其连接。加工一块底板，用螺钉把它固定到位。

把书写台板钉住前，应制作好内部配件。采用不厚于13毫米的木料，仔细地安装到位，从桌子的外表面把它们钉牢。较好的方法是，制作两端各有一块薄板的隔舱组合，使隔舱成为一个整体，滑装进入桌内，不需要用钉子固定。

盖子应该用坚固而干燥的木料制作，并胶粘75毫米左右宽的木条，防止它扭曲变形。若制作者具有一定的技能，最好是在书写台板的每一端固定50毫米宽的木条，保持书写台板的形状。

墨水瓶支架用25毫米宽的金属条制造，弯成图4所示的形状，钻孔配装小螺钉。支架内支撑一个罐子，瓶子就放在其中。

台子涂上与周围环境匹配的颜色（或仍保留本色）后，就可以刷油漆装饰，或涂一层虫胶清漆及亮光漆。

· 安装在床柱上的可调的转动床头桌 ·

制作一个桌子，能灵活地夹在床柱上，不用时则摆向一边或全部取下，这在家中是非常有用的。附图就是这种既不要地板支撑又能紧凑地折叠储存的器具。桌板是尺寸适当的22毫米厚的木板，周边用金属带或薄木条箍住。弯成图中虚线所示形状的铁杆框架支撑着桌板，用1.6毫米的黄铜夹把铁杆框架和桌板夹紧。铁杆框架的末端弯成一定角度，可在一个金属支架内转动。开口销防止连接处意外松脱。夹紧装置用6.4毫米×32毫米的钢带制成，钢带被折弯，能很容易地绕床柱安装。一块黄铜板A装入夹紧装置主体B内（见图示）。翼形螺钉拧入B中，其尖头顶住用作床柱防护的黄铜板A。把B固定在床柱上时，要固定好翼形螺钉并将蝶形螺母也拧紧。

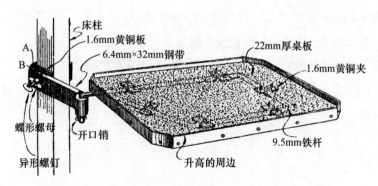

床柱
1.6mm黄铜板
6.4mm×32mm钢带
A
B
蝶形螺母
开口销
异形螺钉
22mm厚桌板
1.6mm黄铜夹
9.5mm铁杆
升高的周边

夹在床柱上的灵便桌子，可以方便地摆向一边或全部取下。

使命派风格的美式家具

· 使命派风格的蜡烛台 ·

尽管蜡烛台是最简单的小型家用家具之一，但仍能把它的样式做得非常吸引人。对于图示的美式使命派风格设计，基座应为100毫米×100毫米×22毫米。在基座一侧的中间加工宽13毫米、深6.4毫米的槽，从一

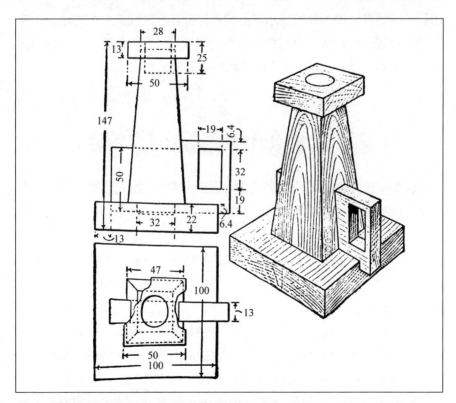

令人满意的使命派风格蜡烛台设计，它与此类其他家具匹配。（单位：毫米）

侧延伸到对侧距边缘的13毫米处。在此槽内配装用13毫米×57毫米×95毫米木料制成的把手，在把手一端有19毫米×32毫米的孔，方便用手握住烛台。台柱用47毫米×47毫米×125毫米的木料制成。在下端做长6.4毫米、32毫米见方的榫头，此榫头与基座中的榫眼配装。在台柱中间切割出宽13毫米的缝，高出下端50毫米，用以配装把手。在台柱上端做长6.4毫米的28毫米方形榫头，与13毫米×50毫米×50毫米顶板内的榫眼配合。台柱的侧面从47毫米方形的底均匀变细到顶部28毫米方形榫头的下端。

各部分装配前，要彻底打磨光滑，否则会遇到很大的困难。不需要用钉子或螺钉，因为好的胶水就能把各部分粘在一起。装配完成后，穿过顶板并进入台柱钻一个与打算使用的蜡烛尺寸适配的孔。仔细地涂上使命派风格的颜色和亮光漆，给蜡烛台正确的装饰。

· 使命派风格的图书馆用桌 ·

后图所示的使命派风格的图书馆用桌比例匀称，造型美观。它可以用常用的任何一种家具木材制作，其中用精选的白橡木板制作，效果特别好。

若附近有木材刨制工厂，则可以定制所需的木料，避免费力的刨削及砂纸打磨工作。若不能定制木料，下列尺寸必须稍稍放大一些，以便能把毛坯修整。

桌面板，定制1件，厚28毫米、宽863毫米、长1168毫米。加以S-4-S处理（即，板材前、后、左、右四面磨光处理）并使桌面板成方形。上表面、侧边与两端的打磨要用砂纸。

搁板，定制1件，厚22毫米、宽558毫米、长1067毫米，四面的处理与桌面板一样。

侧横板，定制2件，厚22毫米、宽152毫米、长940毫米，S-4-S处理，一侧用砂纸打磨。

端头横板，定制2件，厚22毫米、宽152毫米、长634毫米。其他要求与侧横板一样。

横档木，搁板的榫头进入其中，定制2件，厚28毫米、宽95毫米、长635毫米，四面打磨处理。

条板，定制10件，厚16毫米、宽38毫米、长432毫米，四面打磨处理。

键木，定制4件，厚19毫米、宽32毫米、长73毫米，S-4-S处理。宽度稍宽一些，以便能按要求的形状修整键木。

图1显示了各部分的关系。图2给出了各部分的细节。在侧横板的两端做榫头，榫眼置于立柱上。必须小心，在立柱上的任何榫眼都不要低于横档木的榫眼。一个好办法是，把立柱竖立在与其他部件相适配的位置上，用铅笔画出榫眼的大体位置。然后把桌腿放平，精确地标记出榫

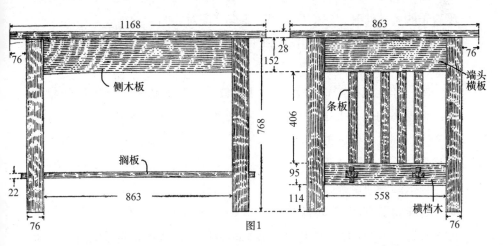

图1

此图是根据本文描述的使命派风格桌子的照片画出的。（单位：毫米）

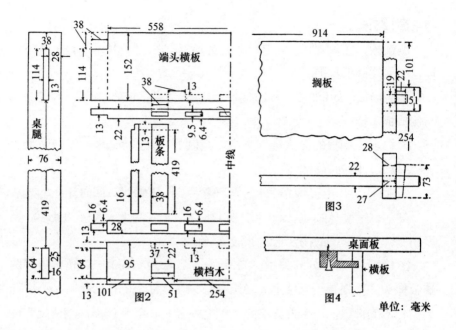

眼，这样能在很大程度上保证榫眼不会切割在不希望的位置，而且在装配桌子的各部件时，它们与桌腿是正确"配对"的。

首先胶合桌子两端，并让胶固化，然后插好搁板上的榫头，放好侧横板。

每一榫头或榫眼的形状、尺寸及位置都是有讲究的，不能随意改变。需说明的是，上横板的榫头形状应使得横板表面延伸几乎与立柱表面齐平，同时立柱内的榫眼远离那个表面。还有，条板两端的形状不应影响接合处的安装，尽管它们的长度可能稍有不同。切割榫眼时必须注意，榫眼的侧面整齐、轮廓清晰且尺寸准确。

制作键控榫头用的榫眼时，榫眼的长度一定要稍超出榫头的宽度——每一榫头的每一侧有约3毫米的余量。在搁板的宽度为本文中所指定的尺寸的情况下，若不留出适当的余量，榫头可能会侧移，收缩可能使搁板裂开。

在搁板两端榫头之间切割时，先在废料内钻一个孔，使圆锯能插入。在1.6毫米的线内锯切，然后用凿子和锤把边缘多余部分除掉。

图3分别显示了键控榫头和键。键的榫眼应在榫头的中间。要注意，这个榫眼离榫肩外27毫米，而横档木的厚度是28毫米。这将保证键把搁板拉住紧靠在横档木的侧面。

键可以做成不同的形状，图中所示的这种既简单而且结构又好。不管用什么形状，最重要的是，键的尺寸必须与在榫头中为键制作的榫眼适配。

桌面板用图4所示的木扣件（或用小角铁）固定在侧横板上。

市场上的使命派风格的装饰多种多样。稍稍用心挑选一下就能取得很令人满意的效果。干了以后，用00号砂纸磨光，小心不要"划破"。再涂一层深棕色腻子[①]；在买来的装腻子罐上可找到如何做这件事的说明。通常一层就足够了。但是，若要求特别光滑的表面，可以用类似的方法涂第二层。

腻子固化后，刷一层很薄的虫胶清漆。干后，轻轻地砂磨，然后适当涂一层或两层蜡，并抛光。在买来的蜡罐上印有如何上蜡的说明。仔细地按照这些说明去做，就能得到现代家具制造者所追求的亚光泽。

· 使命派风格的托架 ·

这个架子是由6块木料（A、B、C、D、E和F）组成。材料可用任何

---

① 腻子，油漆木器或铁器时为了使表面平整而涂抹的泥状物。

木料。下图所示的托架一个是用红木做的，采用自然色；另一个是用杨木做的，黑色。图中给出的尺寸对于制作这一托架已足够了。所需的材料不多，可以用废弃边角料，或从工厂购买，对表面进行处理并用砂纸打磨。各部分用定位销钉连接在一起。

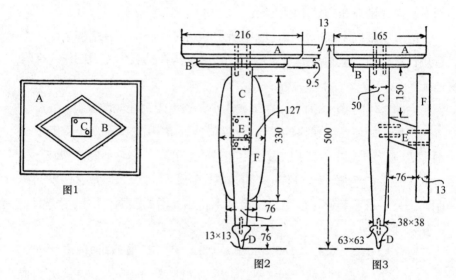

图1

图2

图3

墙壁托架详图。（单位：毫米）

装饰用品

· 美国殖民地时期风格的镜框 ·

黑胡桃木或红木是用于制作这一简单但又具有艺术性的镜框最适合的木料。要用的木料很少，但质量要好，用锋利的工具小心地加工到给定的尺寸。制作镜框所需木料如下：

黑胡桃木或红木

- 2块，长688毫米×宽34毫米×厚19毫米
- 1块，长550毫米×宽34毫米×厚19毫米
- 1块，长231毫米×宽34毫米×厚6.4毫米

白冬青木

- 1块，长688毫米×宽38毫米×厚1.6毫米

图片背板

- 1块，长625毫米×宽225毫米×厚3.2毫米

胡桃木和红木的尺寸是毛坯尺寸，有余量可以刨削到图中给出的尺寸。把白冬青木两侧刨平到正好需要的厚度。图片背板在任何出售镜框的商店都可以买到。一般是粗松木，不贵。

首先要做的是刨平镜框各部件的侧面及边缘，确保两者是笔直的，边缘与面成直角。测量并刨削到要求的厚度，不过，如果木料是17毫米或19毫米厚，就不需要花时间加工到严格的16毫米。小横档板的厚度必须是严格的3.2毫米，因为要把其放入为玻璃切出的槽口中，占3.2毫

米，这可使玻璃就位后距框架面3.2毫米。所有这些部件均刨削到28毫米宽。

为了切割槽口，沟刨或19毫米开槽刨是最好的工具。若两者均没有，可以用槽刨。要确保

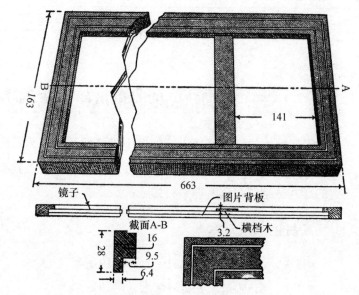

镶嵌冬青木条使殖民地式镜框非常优雅漂亮。（单位：毫米）

槽口刨成方形，以及精准的槽口深度和宽度。

为了在镜框各部件上刻用来装冬青木条的槽，需要用专门的工具。可以用一片软钢片或软铁片刻槽，其厚度必须与冬青木条的厚度一致，长度为64毫米长，宽度任意。把钢片的一边锉直，用小锯锉正交其上锉削，形成锯齿。将每一边在油石上摩擦，除去锉出来的毛刺。在其上钻两个孔，用螺钉把钢片固定在一块作为保护导板的硬木上。若与金属片固定正确，其锯齿应在距边沿4.8毫米处切割出1.6毫米深的槽。冬青木条应与槽口紧贴，用锤子轻轻敲几下就能使它进入槽中。明智的做法是首先用此工具在一小块废料上试一试，看看它切割出来的槽是否合适。

用分条规把冬青木材切割成3.2毫米宽的木条。把普通划线规尖脚的每一侧锉平，做成锋利的刀口，就能很好地用它作为分条规切割木条。从冬青木的两侧开始划分，使尖脚切入距每一侧的等距离处。分条开始前，首先把冬青木的一侧弄平直。这用粗刨很容易做到，把粗刨放在其侧面，刨

去枝条。把要刨的木条平放在22毫米的木块上，一边稍稍突出。把木条抬起，高于工作台，可以更好地使用粗刨对突出的边进行加工。

加工好的木条应置于槽内测试其配合程度，若发现比较紧，必须把侧面锉（或刮）掉些，稍稍成锥形。若配合很好，用尖棍子把热胶涂在槽内，再把木条压入就位。木条会有少许凸出在表面之上，等胶彻底固化后再将突出部分刨掉，与表面齐平。然后用细刨以及刮刀和00号砂纸修饰。在辅锯箱内切割斜接头，或在斜条板上刨出准确的45度角。胶粘镜框前，要把用于放小横档木的凹槽在镜框上先刻好。在镜框固定，胶干燥后才可以把横档木放在相应位置。

镜框可以用亚光或亮光装饰。用亚光可以使外观显得丰富饱满，且非常容易加上。给全部镜框刷一层白虫胶清漆。漆干后，用极细砂纸擦表面，直至表面平滑光洁。再小心地按照装饰说明，用任何一种现成的蜡进行装饰。

把镜子放上去前，一定要在镜子镀银的表面放2-3张干净的纸。用镶玻璃销钉或小塞头铁钉固定图片背板。在其后面胶粘一张与镜框边沿齐平的厚包装纸。贴上包装纸前先用湿布弄湿包装纸，这样它将均匀地干燥，紧绷在背板上。

· 花盆台座 ·

台座可用任何密纹木料（如椴木或枫木）制作，若打算染胡桃木色或红木色，也能用径向锯切的橡树木料建造，以打蜡或油漆装饰表面。所需材料如下：

● 1块顶板，300毫米×300毫米×22毫米，S-2-S（即板材表面和两侧磨光处理）

● 2块盖板，150毫米×150毫米×22毫米，S-2-S

● 1个立柱，450毫米×100毫米×100毫米，S-4-S（即，板材表面和四侧磨光处理）

● 1个底座，200毫米×200毫米×22毫米，S-2-S

以顶板中心为圆心在其上画一个直径288毫米的圆，并锯成圆板。在一块盖板上以其中心为圆心画直径为138毫米和88毫米的圆。沿大圆（138毫米）锯切出圆板，然后在木工车床上对中，沿小圆挖出深13毫米的槽。再将立柱在车床上对中，把其整个长度的直径削到88毫米。

底座及底座脚加工为图示的形状，装配在一起，用螺钉从下面固定。把那个切削过的盖板安装在底座中心，另一盖板安装在顶板下表面的中心。然后把立柱放入盖板被削掉的部分中，用胶粘住或用螺钉固定。

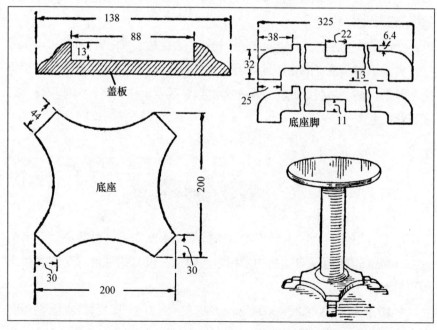

花盆台座可以用适合装饰的木料制造，与其他家具配套。（单位：毫米）。

　　若用轻质木材，装饰可以是胡桃木色或红木色。如果熟悉烙画，可以用烙画做出非常漂亮的装饰。

·　盆栽花卉的转盘架　·

　　放在家中的盆栽花卉有朝亮光方向生长的趋势。所以要经常转动花盆。左图所示的转盘支架的设计使转动花盆更加方便。它由四脚矮凳，和其上用螺钉固定的厚25毫米、直径300毫米的木盘以及垫片组成。一个磨光并且涂虫胶清漆的木垫片保证转动灵活。矩形木盒或圆形花盆放在支架上看起来都很好，美观程度主要取决于其做工及装饰。

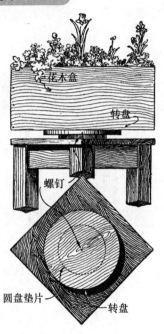

花木盒

转盘

螺钉

圆盘垫片

转盘

·　试管花瓶支架　·

　　装有单枝花簇的试管花瓶给办公桌增添了色彩和某种特定的氛围。在家中使用这种花瓶也有很好的效果。很容易制造一个装饰与周围环境协调的简易木支架，用来支撑和保护试管。图中所示的是用橡木做的这种小型支架，具有直线条使命派风格。也可采用其他木料，做出直线条或弧形线条的不同设计。

底座是64毫米的正方形，放在25毫米宽的十字交叉木条上。所有材料的厚度约为6.4毫米，但底座与顶盖的木料再厚些会更好。立柱木料的厚度为3.2-6.4毫米，如图所示用槽口结合在一起。它们长156毫米、宽25毫米，切去一部分容纳试管。顶盖为38毫米的正方形，其四周倒角，与底座边沿的倒角一样。各部件用无头钉固定在一起，连接处用胶粘住。用无头钉把

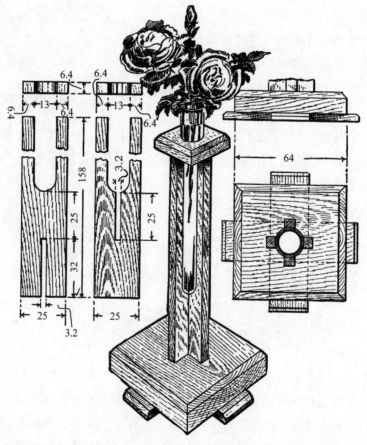

该支架为办公桌或家中摆放的试管花瓶提供支撑和保护。（单位：毫米）

各部分钉在一起时，它们应沉入木头内，产生的洞眼要仔细填充。支架应上深色或保留本色，再刷一层虫胶清漆或亮光漆。

· 小空间用的下翻搁板 ·

　　普通的业余摄影师没有很多的空间从事其爱好。厨房是常常用来完成洗印照片的地方。在很多情况下，没有足够的空间放另外的桌子，所以用箱子或椅子作为临时放托盘和化学药品的地方。假如在一面墙上有足够的空间，就可制作一块搁板，不用时能下垂放置从而让开通道。按此方式建造的搁板长度应与所处空间相适应，或者是与用途要求一致。首先用钉子（最好用大螺钉）把一块厚度约38毫米、100-150毫米宽的结实木板固定在墙上的适当高度处。

　　搁板是一块300毫米宽、25毫米厚的木板，加工后刨光。用两个铰链把它固定在墙上的木板上（见图1）。在搁板外边沿下面的中间钉一块防滑木块（见图示）。这样，可以在搁板外边沿下放一个支撑。当搁板上举到正确的位置时，支撑A（图2）的长度应能足以从防滑块的内边斜着延伸到地板上或护壁板的顶部。

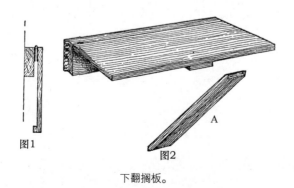

图1

A

图2

下翻搁板。

第三章
庭园装备

庭园小制作

· 移栽过程中填土的器具 ·

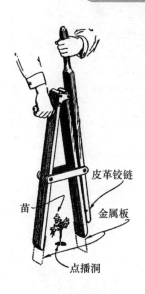

当大批种植西红柿或卷心菜的菜苗时，左图所示的工具使我们不必弯腰按压菜苗周围的泥土。把一排菜苗置于点播洞中并浇水后，一个人站立其上，用带铰链的手把向内压器具的两只腿，就能很快把土壤包在它们的根上。

皮革铰链

苗

金属板

点播洞

· 有椅背的可折叠地面座椅 ·

喜欢坐在或躺在草地上看书的人会觉得图示的装置既方便又舒服。用它可以享受地面的清凉，对人或衣服又无害处。可调节的椅背能在不同位置支持身体。该椅子重量轻、结构紧凑、便于携带。在家中和别的地方也很实用。把它放在床上或上下铺的铺位上，是很好的椅子替代

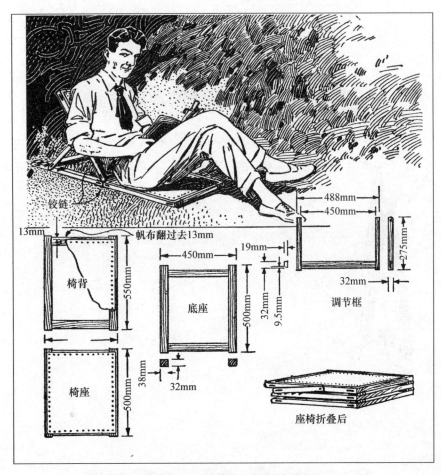

铰链

13mm

帆布翻过去13mm

椅背
550mm

椅座
500mm
38mm
32mm

450mm
底座
500mm
32mm
9.5mm
19mm

488mm
450mm
275mm
32mm
调节框

座椅折叠后

这个椅子在室外使用，特殊情况下也可在室内使用。

品。椅子折叠合适时，椅背可以用来作为在床上看书的托架。

　　用橡木制作比较好，也可以用其他的普通木料。根据图中给出的尺寸，首先用榫眼–榫头相接的方法制作三个矩形框。用厚帆布覆盖座位框及椅背框，帆布延伸到边上并翻过去13毫米。底座框是空的，两侧边上有用于安装调节框的调节槽口，同一侧边上的调节槽口相距50毫米。用铰链把座位和椅背与底座连接起来，用螺钉把调节框固定在椅背上，使其能折叠便于存放（见图示）。

· 实用的浇水橡皮管支架 ·

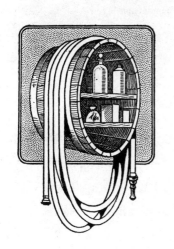

小心地储存浇水橡皮管可以延长其使用寿命，图示的自制支架就是保护水管的简便方法。在一条桶箍处用锯锯下木桶的一部分，用钉子把桶箍钉好并插入隔板。这样把桶加固后，将其钉在墙上。橡皮管可以盘绕在上面，便于带到草地或园子使用。隔板上可放割草机用的油罐和其他零配件。

· 手提式睡椅 ·

用几根硬木条、一段帆布按图组合起来，就制成了可在海滩或草地上使用、舒适又方便携带的休闲椅。如图所示，在长的侧木条中间开榫眼，横木条两端制作相应的榫头。两根侧木条的下端削尖，上端钻孔放绳子。绳子穿过帆布条一头的褶边及侧木条上钻的孔，在木条的外侧打结固定。

使用时，以一定角度放置休闲椅（如图示）。削尖的侧木条打入地中，人坐在延展的帆布上。不用时，椅子可以拆开，卷成一小捆。

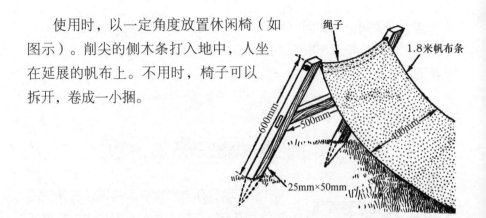

· 快速建造的草坪帐篷 ·

非常简便地为孩子们竖立一个草地帐篷的方法，是取一把大伞，将伞把插入地下足够深，使伞能稳稳地直立。在伞骨的末端固定帆布或棉布，让其垂挂下来，使底边触到地面。再把细绳系在伞骨的末端，以类似搭建帐篷的方法固定在打入地下的桩上，使整体更加坚固，能抗大风。这就做成了特别好的防水帐篷。而且，比起窝棚式的帐篷，它有更多的站立空间。

· 简易雨量计 ·

用一个带刻度的瓶子及两个漏斗，就可以制作能相当精确地测量一定时期内降水量的雨量计。去掉大漏斗嘴，把小漏斗嘴插入开口中并焊住（见图示）。小漏斗嘴放入瓶颈内。为了确定降雨量，瓶子的刻度必须精确到毫米，可以用锉刀在瓶子上做刻度，也可以在纸上做好刻度，然后把它贴在瓶子上，再涂清漆。使用时，雨量计应该置于空旷的地方。

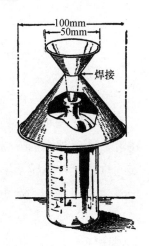

· 高效樱桃采摘器 ·

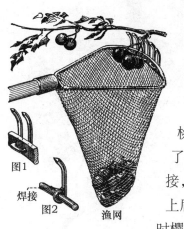

很容易制作一个无需过多攀爬又能快速采摘樱桃的高效器具。用硬铁丝或细铁杆做一个框架，其两端收拢后紧紧地压入长度适当的手把中。在框架的前面固定相互间距为6.4毫米的采摘指或采摘钩，樱桃不能从它们的中间通过。图1和图2说明了固定钩子的两种方法。两种情况下都要焊接，加固采摘钩。把一个密织渔网系在框架上后，这一工具就完成了，从树上采摘樱桃时樱桃就落入网内。

鸟和蜜蜂

· 防猫鸟食台 ·

如图所示的鸟食台是鸟栖息觅食的好去处。鸟类在这种建筑上进食时不怕猫或其他敌人的攻击。右图显示了安置在1.8米高柱子顶部的台子。台子四周灌木围绕，常绿攀缘植物贴附在柱子上，不给猫有攀爬之地。

经验表明，在各种食物中，鸟类一般比较喜欢面包屑，它们也喜欢碎麦粒。红雀特别爱吃柑橘。可以将柑橘切成两半后放在台上。鸟儿在柑橘一侧啄食水果时摇摇摆摆的样子非常好笑。可以把一小盆清水放在台上，鸟儿用它作为饮水杯和浴盆。

· 空心原木鸟巢 ·

对于那些喜欢观察鸟类的朋友来说，利用几段空心原木很容易制造一个鸟巢，此鸟巢远比用木板制造的任何鸟巢更具魅力。图示的这种鸟巢用安装在柱子上的一段原木制成。用长螺栓把完全清除掉腐朽部分的这段原木安装在底部圆平台和实心顶之间，如图所示。

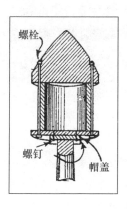

鸟巢壁的厚度在某种程度上由原木内部好木材的数量决定，如果太厚，可用木工的半圆凿削薄。侧面钻一些孔，内部可用合适的隔板分割为几个房间。形成鸟巢主体的原木的高度比其自身直径长约50mm、顶部帽盖的高度做得比原木的高度稍短一点，这样就得到了最佳比例，令人赏心悦目。这种鸟巢可安装在杆顶。或者把环首螺钉拧在顶部帽盖中央后，再将鸟巢挂在树枝上。

· 冬季用的蜜蜂喂食器 ·

用图示的喂食器在冬季给蜜蜂喂食非常方便。用瓶口有平纹细布覆盖的倒置玻璃瓶给蜜蜂喂糖浆。玻璃瓶隐藏在木盒内一包碎干草中。做的木盒要适合放在蜂箱上（见图示），连接处钉上50毫米宽的木条。

装置的制作方法如下：采用两面都光滑的木材，松木、椴木或其他软木均可以。制作两块厚度为22毫米的木板，尺寸与蜂箱顶一样。其中一个加工两个与玻璃瓶颈匹配的圆孔（见图示）。再制作两块木板用作侧板，两块用作端板，长度与蜂箱相配（图中的尺寸仅供参考）。制作4根50毫米宽的木条，长度与木盒的四边一致。用钉子把木盒的各部分钉在一起（见图示），在端板上钉侧板，再在侧板和端板组成的框架上钉上盖板。将碎干草装进盒内，玻璃瓶内灌糖浆并用平纹细布覆盖后，把玻璃瓶装入盒中，使它们的瓶颈穿过底板上挖好的两个孔，瓶口与底板在同一水平面。将孔对准瓶口，用螺钉把底板固定到位，以便在需要取出瓶子重新灌糖浆时将木板移开。绕木盒下边缘钉50毫米宽的木条，使它覆盖木盒与蜂箱的连接处。这样，喂食器就做好了，通过由平纹细布覆盖的瓶口给蜜蜂喂食。碎干草防止糖浆在寒冷天气凝结，使蜜蜂总是可以得到糖浆。采用这一简单设备能经济实用地使蜜蜂过冬，保障它们有良好的食物供应。

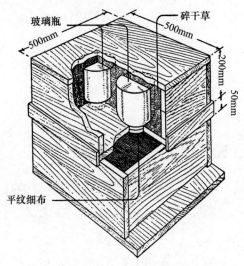

冬季把喂食玻璃瓶装在木盒中给蜜蜂喂糖浆。

锁、门和栅栏

· 装有普通铰链的双向摆门 ·

将普通铰链折弯后置于门柱上，使门能朝两个方向摆动。如图所示，铰链可以折弯成适合于安装在圆门柱或方门柱上的形状。安装在门上的那一半铰链用平常方法固定。铰链的另一半折弯后安装在门柱上，使铰链轴大致在门柱一侧的中心线上。门和门柱应切成斜面，使门能前后摆动。

门柱及门在铰链后的部分应切割成斜面，使门能向后摆开。

· 自闭门 ·

此门是用两条链子悬挂在水平门框上，可绕垂直置于门中心的直径为25毫米的煤气管自由转动。两条链子的长度相同，等距离固定在管子两侧，上端间的距离比下端间的大。距离的大小取决于门的重量和门闭合时所需的力量。若有需要，可以采用多种风格的门闩。

门可双向摆动，静止时关闭开口处。

·能置于空心柱内的折叠门·

走廊是适合孩子们嬉戏玩耍的场所，但必须采取适当措施保护他们不会因跌倒遭受意外事故和伤害。图示的折叠门既可以在阶梯处设置一个重要屏障，也可以很快折叠让出通道。当它放在门廊柱内时，几乎看不出来，不会破坏门廊柱的表面或整体效果。

门不用时可以折叠，隐蔽在空心门廊柱内。

该门用铁条制造，当然也可以用木材。铁条用螺栓或铆钉固定，最前端的第一根铁条要与门廊柱的凹处匹配，作为折叠门凹处的盖子。门展开时，盖子能钩在对面的柱上。门的高度合适即可，建议为0.6-0.75米。没有空心凹处时，可以给折叠门提供一个盒子或箱子。

· 门闩钩的锁定装置 ·

门闩钩容易落下会引起一些麻烦，外人可能闯入，或者门容易在刮风的时候被损坏。在钩子上装一个小门扣就很容易解决这一问题（见图）。用镀锡铁皮做一个U形装置，固定在门闩钩钩住的螺钉上。锁定时，把它向后压在钩子头上，使钩子不容易因震动而脱落。

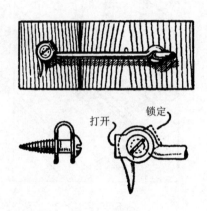

· 便携组合式家禽围栏 ·

组合式家禽围栏较之固定围栏有如下优点：容易移动；家禽场地可变换大小或形式；可以在场地上一块一块地种植作物，逐步布满院子，给家禽提供青草地。此外，对于不愿意设置永久性设施的承租人来说，组合围栏是非常合适的。

对于较小的家禽品种，围栏部分长约5.4米，高2.1米。若围栏仅用于已长大的家禽，下面的铁丝细网格可以不用，改用50毫米网格。围栏的某些区段要装门。最上面的板条应钉在距围栏上边缘约300毫米的位置，使家禽没有立足处。各区段用铁丝捆绑在一起，用临时的柱子支撑，或以建筑物为支撑加固。

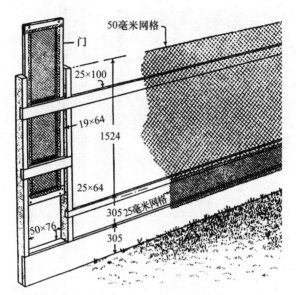

50毫米网格

门

25×100

19×64

1524

25×64

305 25毫米网格

50×76

305

便携组合式家禽围栏比固定围栏有一些独特优点。（单位：毫米）

· 防家畜开启的门闩 ·

农夫担心家畜可能会打开牧场的门，从而进入自己或邻居的庄稼地中。马和牛能很快学会如何打开装有普通门闩的门。当家畜被放出后，它们常常造成损坏。

用开有槽口的木条制成一根简易门闩，其槽口正好对上一根门栏中类似的槽口，这种门闩能防止动物打开栏门。该木条上有一个把手

方便操作，使其端头滑入门柱的榫眼中。门闩由固定在门两侧的引导
木条定位。

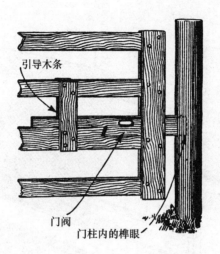

引导木条

门闩

门柱内的榫眼

第四章
愉悦的户外生活

野营技巧：第一部分

· 露营装备 ·

为了在森林中舒适愉快地度假，野营者一定要有合适的装备。没有经验的人多半会携带过多的物品进入森林，包括许多不必要的奢侈品和过多的必需品。野营生活并不意味一定是不舒适的，它是接近自然的简朴生活。要考虑的最重要的东西是能遮阳避雨的野营棚、舒适的床、良好的炊具以及充足的卫生食品。任何人都不能要求更多，若不愿意分享这种简朴生活，娇生惯养的人最好留在家中。在各种人中间，自怨自艾、爱闹别扭的人是最不好的野营伙伴。

野营帐篷的选择

帐篷是各式各样的。对于去永久性营地露营的旅行来说，可调节的帆布墙帐篷（或军用帐篷）是比较舒适的遮蔽所。它们是极好的经济实用帐篷，有宽大的空间和充裕的净空高度。在永久性营地露营时，有墙的帆布帐篷常常应配有门帘，该门帘可以用来作为屋顶的额外覆盖物，或延伸至前方形成一个门廊。也可以购买延伸部件来用于同一目的。2.1米×2.7米的有墙帆布帐篷就可供两人舒适地休息。如果很少改变营地，墙高1.1米的2.7米×3.6米帐篷能有更多空间。普通226克帆布已足够结实。如果喜欢，也可用棕黄色或深绿色卡其布做同样的帐篷。任何情况下帐篷应有1.5-3米宽，有阻挡害虫和雨水进入的防护帆布条绕帐篷底部缝合。最好还有额外的帆布或地板布，这些以及门帘是外加的，尽管方便但不是必需的。有墙帆布帐篷可以用正规杆子竖立，也可以用带子沿帐篷屋脊吊挂在两棵树之间竖立。露营高手很少用商店里大多数帐篷附带的杆子，而是喜欢在露营处切割树木得到，并装配好。把帐篷屋脊的带子固定在一根细长杆上，用两根端头是剪刀形交叉柱或三脚架的杆子做支撑。

　　睡觉地方大且折叠紧凑的"烤箱"型帐篷比较流行。大小为2.1米×2.1米、墙高0.6米的帐篷给两人提供了舒适的家，如果

帆布墙帐篷可用规则的木杆竖立，或者把沿帐篷屋脊的带子固定在一根细长杆上，两端用三角架或剪刀形木杆固定。

需要，可以容纳3-4人。帐篷的前面可以打开对着火，将其延伸形成雨篷，或者将其向后翻过屋脊形成前面被打开的披屋棚。

　　篝火帐篷（又称"Dan Beard"帐篷）是"烤箱"型帐篷的改良产品，它有稍陡的倾斜度和较小的前开口。大小与"烤箱"型帐篷实际上是一样的，搭建时可将其悬挂在两棵树之间。可以用自己制作的杆子，或者用配套的杆子。

　　为了轻装旅行，可以选择比上述帐篷轻一点且体积小一点的帐篷，樵夫喜欢选择林务官或护林员型帐篷。护林员型帐篷是半个帐篷，墙高0.6米，前面是打开的。其实，这与无襟翼的烤箱型帐篷是一样的。如果需要，可以买两个有带子的护林员型帐篷，把它们固定在一起形成A形

露营高手喜欢在宿营地切割木杆安装篝火帐篷。

或楔形帐篷。这对徒步旅行的两个人来说是很好的帐篷配置，因为每个人带自己的帐篷，一旦与同伴分开时仍有良好的帐篷庇护，两个人一起宿营时又有紧密的帐篷庇护。

林务官型帐篷是另一种居住空间大，折叠起来又十分紧凑的优良帐篷。其大小为2.7米×2.7米，用标准厚薄的纤维织物制造的重量为2.5公斤。它可能带有篷罩，可能不带篷罩，用三根小树杆就能很快将其竖立，一根沿屋脊从最高点伸向地面，开口两侧的树干形成支持脊杆的剪刀形交叉柱。这些帐篷没有防护布或地板布，若需要可以另外订购。

独木舟型，或多变型帐篷对于轻装旅行且经常迁移的野营者来说是很好的。独木舟型帐篷的前面是环形，而多变型帐篷的前面是方形，墙是沿护林员或徒步旅行者的帐篷可分成两半，每一半可以作为披屋供一人单独使用，也可以两半合在一起，成为两人使用的空间。

用三根小树杆就能很快建造一个林务官式帐篷，一根作为屋脊，开口两侧的树杆形成支持屋脊杆的交叉柱。

独木舟型或多变型帐篷对于轻装旅行且经常迁移的野营者来说是很
好的，用单根杆子就能很快搭建。

两侧附在后面。搭建两种帐篷均很快，或用单根内杆，或在外面用两根杆
子做成剪刀形。墙为0.9米的2.7米×2.7米独木舟型或多变型帐篷适合在露天
形成舒适的家。

　　不管选择何种类型的帐篷，价格合理、材料和做工质量好才是明智
的选择。较便宜的帐篷是用厚重材料做的才能使其防水，而质量较好的
是用编织紧密的轻薄纤维材料做成，且用防水工艺处理。许多较便宜的
帐篷还是相当好使用的，不过做工常常比较差，索环容易拉出来，使用
时受力有点大时缝线会绽开。所有的帐篷都应是防水的，要有包装袋。

如何搭建帐篷

　　几乎在任何地方都能搭建帐篷，但为了舒适，最好选择有自然排水
的场所。许多露营者在帐篷四周挖一条浅沟渠，以防止下大雨时水进入

帐篷。在长时间露营时这样做是很好的。不过，若土壤是沙质的或是多孔渗透性的，或者帐篷采用了防护布，挖沟渠常常是不必要的。

　　几乎没有必要将正规帐篷杆子带到露营地，只有去无树的地方才要带。有墙帆布帐篷或其他大型帐篷的搭建方法有多种。在某些地方，伐木者砍一根比帐篷长约0.9米的木杆做屋脊直檩条，两根比帐篷高度长0.3米以上的木杆做分叉支柱。屋脊直檩条穿过帐篷最高点处的开口，或者把缝在帐篷布上的带子固定在屋脊上。然后把两根直立支柱牢牢地插入地下，一根在前，一根在后，再将直檩条提起放在这两根分权支柱中。接着将四角牵索拉起使帐篷成形，然后用木钉把侧面牵索钉在地上并绷紧，使这些牵索给帐篷的拉力是均匀的。固定侧面牵索的另一个好办法是，在离帐篷每一角约0.9米处打入有权口的木桩，每根木桩的长度约1.2米，共四根。然后把相当粗的杆子放在这样形成的托架中，再把牵索绳固定在此杆子上（见"帆布墙帐篷"的示意图）。有防护布时，将其向下翻至帐篷内侧，地板布铺在上面，露营用品沿帐篷的壁摆放，使壁下垂，防止害虫与雨水进入。

　　为了消除将杆子放在入口中间带来的不便，将两根杆子在杆顶附近用绳捆绑在一起，做一个交叉，并将底部张开形成剪子形状。也可以完全省去杆子，将帐篷屋脊上的带子系在绳子上，再悬挂到两棵树之间。在多树木地区，一般优先选用这一方法。

　　在长时间露营用帆布墙帐篷时，订购比帐篷尺寸大两三倍的帘子是一个好主意。它要用另外的杆子支撑，比帐篷的屋脊高出1.5或2米，这样就做出了一个间隔空间，减小了太阳热量的影响，也可以在长时间下大雨时保持物品干燥。

露营生活用具

露营用具包括在树林中生活需要的一些便捷用品，以及寝具和炊

腰带斧。

具。在编制需要的用品列表时应注意，只有尽量少带用品才能在野外舒适度假。舒适的床垫必然是重要物品之一，可以选择高级沙发床（空气垫子形式或睡袋形式）、普通睡袋或其他野营用床。一般情况下，折叠组合床、绷床、塞入填料的褥套为2米长0.6米宽的普通睡袋，都能满足平常人的需要。可折叠的帆布吊床、椅子、桌子和其他所谓的野营家具在露营时都有各自的用处，但伐木者没有这些也能生活得很舒适。假如没带睡袋，每个人应有两条保暖的毯子。正规军毯价格合理，是一种好选择，也可以使用家用毯子。

一把结实利斧是伐木者每天的伙伴，因此要携带重量合适的工具，重量在1.4或1.8公斤为宜，轻一点的为0.68公斤。轻装旅行时，腰带斧应能满足要求了。

油灯只适用于固定的营地，因为燃油很难携带，除非放在有螺纹盖子的罐内。可折叠蜡烛灯最适合在树林中使用，并能给营地生活带来足够的光亮。

铝制炊具重量轻，叠放紧凑，能在恶劣条件下使用多年。不过像其他质量好的东西一样，铝制炊具稍微有点贵。用马口铁做的替代品也很好，价格只有铝制品的一半，互相叠放也比较紧凑，不过比较重，外观也没有价格较贵的用品那么美观。铝制品与铁制品可以都放在帆布旅行袋中，两个人的用品包括一大一小两个锅、咖啡壶、有折叠手把或可拆卸手把的

可折叠蜡烛灯。

平底煎锅、两个盘子、杯子、刀、叉和勺子。可以购买多人使用的旅行用品，几乎所有的户外用品商店都有。

露营者的装备

个人装备只应该包括最有用的物品，团体中的每一个人应有放卧具和衣服的帆布手提行李袋，一个放日常所需的洗漱及其他个人用品的小袋子。不应忽略织补用具包，其中装麻布、捻合线、棉布、纽扣、几根缝衣针和大头针等等。有经验的人通常带一些铁丝、一段结实的细绳子、一些钉子、图钉和铆钉等物品以备急用，而新手会奇怪露营时这些东西和零头布有什么用呢。一个小型镀锡铁皮盒就适合用来放这些东西，在手提行李袋中占很小一点空间。药品盒及急救用品值得携带，装有几种常用药品的最小药盒完全满足露营者的需要。

用独木舟型旅行袋或背囊携带食品时，行李袋和食品袋是非常方便的，能使露营者以紧凑又卫生的方式携带各种食品。食品袋的尺寸有大有小，可以装入靠摩擦拧紧盖子的罐子。为携带猪油、黄油、猪肉、火腿以及其他油腻的食物，需要一个或多个不透液体的容器。食品袋塞入较大的行李袋内，做成非常紧凑的一捆，以便装进独木舟旅行包或背囊中。

靠摩擦拧紧盖子的食品罐。

营地用品一览表

在永久性的营地，应采用带门帘的有墙帆布帐篷，烤箱型或篝火型帐篷也是可以的。轻装旅行时，建议用独木舟型，或多变型帐篷。仅带一个包进行旅行时，可用林务官型或护林员型的帐篷。根据需要选用防护布、地板布及蚊帐。

炊具可用铝制品或铁制品，全部炊具叠放在最大的深锅内。包括带面包板的可折叠轻便烤箱或热反射器（置于帆布袋中）、木制盐盒及放火柴的不漏水罐子。

在永久性营地用的器具有：放在保护套内的斧子（有直把的双刃斧或印第安战斧）、磨刀石、修整斧子形状的锉刀、建造小屋时需要的铁

炊具用铝制品或铁制品，全部炊具叠放在最大的深锅内，包括带面包板的可折叠轻便烤箱或热反射器（置于帆布袋中），木制盐盒及放火柴的不漏水罐子。

铲和锯。可折叠蜡烛灯在普通的旅行中最适用，但在固定营地也可用油灯或乙炔灯。帆布床、折叠椅、桌子、挂钩等等仅在固定营地有用。

具有防水帆布盖和罩子的背囊是伐木者和向导最中意的装备，它有皮制的双肩背带。若喜欢，也可用帆布包或手提行李袋。有两种尺寸不同的食品袋，一种装2.25公斤，另一种装4.5公斤，袋口有拉紧细绳。这些是携

带食物的最好装备。

当要在陆上运输全套装备时，需要带有胸部扎带的包裹用的带子。不过如果使用背囊，就不需要了。在往露营地运送全套装备时，需要纤维制成的箱子，也可以使用普通皮箱、木箱。

个人旅行用品

带没有过度磨损的普通旧衣服就足够了。灯芯绒衣服在夏天太热，冬天太冷，而粗帆布衣服在森林中太僵硬，又容易发出响声。夏天穿棉卡其布衣服很好，冬天穿全毛卡其布或厚呢短大衣和裤子很舒适。对于内衣来说，毛料是所有季节最好的材料。因为在夜间可以洗衣，两套外衣就足够了。外衣要足够大以防缩水。轻薄的开士米[1]是夏季短袜的最好

具有防水帆布盖和罩子的背囊。

材料；冬天则要用厚开士米。三双普通短袜和一双厚短袜就足够了。伐木者会选择厚薄适中的灰法兰绒外套衬衣，胸部有带纽扣袋盖的口袋。在短程轻装旅行时，一件外套衬衣就可以了。带一件轻薄的全羊毛的灰色或棕色运动衫是很好的。

正规军用雨衣比橡胶雨衣或油布雨衣更适合在树林中使用。大尺寸军用雨衣比较笨重，但可以用杆子将其搭建成披屋形式，作为遮蔽处。

---

[1] 开士米是取自克什米尔地区（Kashmir）一种山羊身上的细软绒毛。

罗盘。

它也可以用作铺在地上的毯子。

中等大小的灰色或棕色宽边帽子比无边帽好。要有一条灰色或棕色丝绸围巾围在脖子上，保护其不被太阳晒，不受冷。只有少数新手会带围巾，但真正的伐木者肯定会带。鹿皮靴是唯一适合在树林中走动的鞋子。有额外的鞋底更好。一双长统鹿皮靴（单鞋底高脚踝鹿皮靴）适合穿着在营地周围走动。

团队中的每一位成员要带两条毛毯。棕黄色军毯耐用又不贵。

一把经过回火①的好刀挂在皮带上，最好没有刀柄，刀刃长125或150毫米。

每个露营者的个人行囊中还应该有一个小皮袋装一些常用药品（如奎宁、泻药等），以及小急救包。此外，装有一套缝衣针、棉布、纽扣和一段粗捻合丝线的小皮包也是必需的。

常带的物品还有一些纸张、信封、笔记本、铅笔和几张明信片，以及覆盖计划旅行时段的日历。

在树林中最有用的仪器是罗盘，也要带一块可靠又不贵的表。

许多伐木者在腰带上携有短柄小斧，旅行中除了少量的必需品外，腰带小斧取代了较重的工具。战斧风格的斧子有两个刀口，因而是携带的最佳工具。但需用皮套或其他套子保护刀口。

也要携带装有各种铆钉、平头钉、少许绳子、铜丝、钉子、几根小锉刀、砂纸、金刚砂布，以及能装下旅行者喜欢放在手头的其他小件物品的小铁盒。

———————————

① 把淬火后的工件加热（不超过临界温度），然后冷却，使能保持一定的硬度，增加韧性。

野营技巧：第二部分

· 在树林中烹调 ·

在树林中烹调需要的技巧比设备多，野营炉子在固定营地是很好用的，但它的重量和体积使其不适合用旅行包运输。取得专利的烹调炉排体积较小。不过，伐木者没有这些炉排也能把饭做得很好。伐木者离不开的重要物品是折叠烤箱或热反射器。此烤箱可以折叠扁平后放在帆布袋内，袋内还有烤盘和案板。尺寸最大的0.45米见方的烤盘重约2.25公斤，最小的0.2米×0.3米铝烤盘仅重0.9公斤。使用时，热反射器开口一侧放在靠近篝火处，使烧烤非常均匀，而且任何天气都能用。面包、鱼、野味或者其他肉类都能烧得很好，操作又很方便，尺寸较小的装备足以供两三人使用。

篝火是野外活动的魅力之一，若用最好的木头建造，就可以在林中篝火上烧烤食品。很多伐木工人喜欢建造第二个较小的篝火用于烧烤，有人倒不认为这有必要（除非在必须准备大量食物的大营地中），露营者按自己需求决定就行。毕竟，各种尝试是在树林中生活乐趣的重要部分。

将两根青原木的上下两侧粗略加工平坦后，把它们放在地上，一端相距0.15米，另一端相距0.6米，就形成一个满意的户外烹饪范围。在较宽的一端放几块石头，石头上横放山胡桃木、水曲柳和其他硬木杆。热反射器放在这一端的木炭附近，篝火在两原木之间，在窄端的开口处进行烧烤与煎炒。要用燃烧缓慢的青绿树木作为衬底原木或端头原木，为此最好采用板栗树、红橡木、灰白胡桃树、赤枫木、柿树等。

烹饪和取暖用硬木最好，因为它们燃烧缓慢，发出的热量大，而且会烧成一堆炽热的炭块。软木易着火，燃烧快，火旺，不过燃烧后就是死灰。山胡桃木是北方迄今最好的柴火，它燃烧时火旺、燃烧时间长、形成大块的炭，能在较长时间内给出均匀的高热。次于山胡桃木的是板栗树；伐木者也喜欢用篮橡树、铁木、山茱萸、白蜡树等。在这些树木中，容易劈开的是红橡木、篮橡木、白橡木、白蜡树和白桦木。有些木头在未干时比在干燥后容易劈开，比如山胡桃木、山茱萸、榉木、糖枫、白桦和榆树。最难以劈开的木头是接骨木、蓝色白蜡树、樱桃树、酸胶树、铁杉、甜胶树和悬铃木。较软的木头中，桦木是最佳的燃料，特别是黑桦木，它是少数几种不干时仍能很好燃烧的木料之一。铁杉干树皮易着火而且火旺，白桦木即使潮湿也能迅速着火。浮木是很好的起火材料，干松结（死松树的树枝残留部分）是极好的点火材料。当然，冬天树液较少时，不干的木头也会烧得比较好。高地处的树比潮湿低洼处的树好烧些。硬木在高地处比较丰富，而软木沿河边比较充裕。

摆放成V形的两根青原木形成烹饪区域，在宽的一端放几块石头，石头上放硬木生火。

做午餐需要的挂锅可以放在置于有权树枝上的青木杆的一端。

　　做午餐时，用小火就能提供做足够的汤和做油煎食品的热量。只要在地上插入一根有权的树枝，在分权处搁一根青树枝，其另一端放在地上用石头压住不动，将锅挂在突出的树枝上就可以了。也可以把带有小树枝的长树枝插入地中，以一定角度倾斜在篝火上方。把锅挂在离地面

使用挂锅的另一种方法是将其挂在以一定角度支撑在火上方的大树枝上。

0.6米处，再抱来一堆干燥的细枝丫及大量较粗的引火树枝。将三四根树枝削尖，并把削屑留下。把这几根树枝直立在锅下成三脚架，绕它们放较小的树枝建成一个微型棚屋。锅中烧沸时，再取几块直径为100毫米或125毫米的床架木块（或柴架木块），将它们在火的每一侧上放平，再把煎锅放在上面。这样就有一个不错的炭床用来煎东西，且不会有烟熏饭食。

当伐木工要留宿一夜时，他们在搭建帐篷的同时，肯定会生火，开始煮饭食。饭食做好后，就会烧开一锅水，用于洗碗碟。

为了用热反射器烘烤食物，需要相当大的火。几根0.9米或更长的树枝直立靠在后面的原木或石头上，向前反射热量。需要烧红炭块时，可以直接从篝火中取出。或者劈出规格一致的约50毫米厚的木柴块（干的或湿的木材都可以），把它们堆成中空的方块或框架，在框架中心生火，顶上搁置相似的木块，整个框架的高度至少有0.3米。此框架的作用就像烟囱，会产生熊熊大火，在烧完后将得到大量的光亮木炭块。

野营地烹调的方法是用来准备比较简单而又有营养的食物。编制食物表时，只选择具有这种品质，且比较经常需要的食物是明智的。每个人的想法差异肯定很大，不过，可以参考下述的食物清单。

野营食物清单

这个清单中列出的物品可供两个人外出两周食用。用结实的帆布食物袋带5.5公斤普通面粉。可用自发酵面粉，但普通面粉比较好。带2.75公斤玉米粗粉，用来做玉米饼、玉米糊状物。油煎时玉米糊状物卷入鱼肉是很好吃的。大米很有营养，容易消化，烧煮简便，与葡萄干一起煮时更好，冷却后可以切成薄片油煎。带1.4公斤大米就足够了。燕麦不如大米耐饥，但用于煮粥很好，或者将冷燕麦饼切片煎炸。燕麦可以带1.4公斤。应带0.9公斤左右的荞麦粉，因为它最适合做薄煎饼或薄烤饼。豆类营养十分丰富，要带0.9公斤左右的可用于烘烤的普通豆子与咸肉一起煮或烧烤。带0.9公斤干裂豌豆用来做汤，它们亦可当做蔬菜吃。咸肉是备用食品，用靠摩擦把盖拧紧的罐子或防油脂袋携带2.25公斤。把咸肉添加到豆类中或像熏肉一样烘煎前，应煮成半熟。野地里常规的肉食是熏肉，用罐或袋子带2.25公斤。用罐或袋子带猪油1.4公斤，做面包和油煎食物时使用。用罐子携带1.4公斤左右的黄油。为了做大米布丁，要带0.45公斤葡萄干。带约0.45公斤的碎鳕鱼肉做鱼丸是很好的。其他小件物品有：0.23公斤茶叶，0.45公斤咖啡，1.4公斤砂糖，0.5升糖浆，0.5升醋，4罐炼乳，1罐奶粉（鲜牛奶的良好替代品），1罐鸡蛋粉（用来煎蛋饼或炒鸡蛋），0.45公斤盐，60克胡椒粉，脱水土豆、洋葱和水果每样一包，各色汤料片3包。

上述清单决不是面面俱到的，不过，对于普通人的一般旅行来说是足够的，因为，碰巧捕到的鱼或野外猎物可以补充食物。轻装外出旅行时，应该选择体积最小而又有营养的食品。在短暂而简约的旅行中，追加一些罐头食品将可以满足更多样的需求。

· 林中作业技巧 ·

尽管狩猎、捕鱼、露营是林中作业技巧相关书籍中会阐述的章节，但是林中作业技巧这个词一般是指在野外旅行时使用罗盘、地图以及使用树林中自然标志的技能。若野营者走的是熟路，偏离经常走的水路又不远的话，就不需要罗盘，从旅行文章中就可以获得足够的林中道路知识。不过，若野营者冒险进入未知地区，随着离居住区越远时，了解更深入知识的重要性就增加了，因为这可以使野营者沿着正确的方向旅行，万一发现自己迷路时，可以防止"迷途转圈"。

· 应急快餐和用具包 ·

伐木工非常清楚，外出时，很容易比他们预想的离营地更远，失去方位并短时间内迷路是常常发生的。为了应付这种可能的紧急情况，为了离开营地也能度过一个舒适夜晚，在行李袋中放一小包有用物品，并带上装有少量营养食品的小包是十分必要的。离开营地进行一天的打猎和捕鱼时，当然要带上平常的午餐。但除了这些，伐木工还要携带几包汤料块、一段熏腊肠和一些茶叶。将这些用油绸包起来放在扁平铁盒内。它在行李袋中所占空间极小。

应急用具包仅仅是一个随身携带的小袋，里面有短钓鱼线、几根钓鱼钩子、0.3米外科用橡皮膏、针和线、几根别针、一小卷铜线。这些东西连同猎枪和一些备用子弹、棍子、佩刀、安全火柴、罗盘、地图、少量的钱、烟斗和烟丝是个人旅行的必备用品。没有这些，几乎没有伐木工愿意冒险远离营地。除了上述物品。还要携带重量轻的双刃斧或战斧，斧子放在皮带上的皮刀鞘内，用绳子把一个水杯挂在皮带后面，需要时会用到它。

· 罗盘（指南针） ·

所有附在皮带上的袖珍罗盘应放在胸袋内携带，并系在衬衣扣子上。许多伐木工不使用罗盘，但即使专业伐木工有时也会迷路，太阳有可能被云层遮蔽，使识别野外的自然标志更加困难。如果一个人不知道如何使用罗盘，罗盘就没有什么价值，它将不会告诉你前进的方向。当指针在其支点上可以自由摆动时，蓝色一端总是指向磁极北。真正的北位于磁极北一侧1度或1度以上。例如，在西半球指针稍微被吸引到东边，而在大西洋沿岸，它将稍微摆向正北的西边。伐木工不需要考虑这种磁场引起的变化，他可能认为指针是指向正北，因为用在此处不需要绝对的准确度。但是，建议注意刻在罗盘表壳背面的这些字母：B=N，这意味着指针蓝色端是指北。知道了这点，新手都会使用罗盘，不管他在迷路时有多么的不知所措。在天气晴朗时，表也可以用作罗盘，在北半球只要将时针指向太阳，在时针和12之间的中点将是正南。

钢铁会吸引罗盘指针，因此要使罗盘远离枪支、短柄小斧、刀具和其他金属物件。罗盘要水平放置，若有制动器，要将其释放，使指针能自由摆动。记下某些地标，如特别的树、高耸的悬岩或途中存在的其他引人注目的东西，便于直接走向这些目标。当走了弯路或看不见地标时，要多看罗盘。到达一个地标时，选择另一个更远的地标继续旅行，总是沿罗盘指出的路线挑选新地标。建立营地时，查阅地图并仔细研究，以便对周边地区有清楚的了解。离开营地时，通过罗盘知道自己的方位。这样做就可以知道自己在往什么方向行进，改变路线时，记住总方向。攀爬小山或走弯路时，心中记住方向的改变，就不会迷失方位。

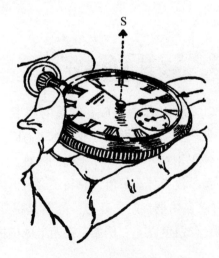

· 地图 ·

美国的地质测量图是以1英里：2英寸的比例绘制的，每张5美分。在每张地图的背面印着许多符号，显示该地区的地面性质、等高线、道路，以及所有重要的河流与湖泊。为便于使用，将地图粘贴在棉布衬里上，然后剪成便于使用的小片。从左到右给各片编号，在各片的背面贴上关键词。

· 自然标志 ·

穿过丛林旅行时，伐木工向前看不到比较远的地方，所以要注意太阳的位置画出真实的路线图。例如，在北半球，太阳从东南方升起，落于西南方某个地方。因此，一个人若向北走，他应保持太阳在其背后，上午在右肩，中午则全在背上，整个下午在背上并越过左肩。

若白天是阴天多云，把刀尖放在拇指甲上，转动刀片，使其有完整的阴影投射在指甲上，这样就指出了太阳的位置。

风向有可能是变化的，因此用其定方向不可靠。绝不可以依靠所谓的树木标志，如常绿树的树梢指北、树的北侧树皮较厚，或树北侧的苔藓长得比较厚等等。这些标志根本不能说明什么。但是，每个伐木工都知道，在南边的树叶长得厚一些，北边的树枝比较短且结节多。不过，这样的一些标志几乎不可靠，即使是真的，也没有几个新手能识别。

夜间旅行时，寻找北斗七星或大熊星座，大家知道终端两颗星可作为指针，指向北极星。

· 标示路径 ·

经过老的隐蔽路径旅行时，寻找明显的老标记，若对它们有怀疑，每4.5米或6米压倒灌木丛制作新标记，压弯的部分指向旅行的方向。如果偶尔碰见道路，很容易分清它是便道还是运输木材的道路，因为便道是弯弯曲曲的，在树和石头边上迂回，而运输木材的道路相当直且宽。当然，便道不会通向任何特别的地方，但所有的运木道路肯定会来到岔路并通向水路。当开出新路径时，在路边一侧的一棵树上做单一的修剪，在对面做两个明显标记，指明从营地来的路。这样做后，若小路交叉时，一个人总能知道回去的路。这是野外活动的惯例，不过并不总是要不折不扣地遵守，因为有许多伐木工只在路过的树上修剪出明显标志指示他们的路径。一定要正确地把你自己的路径明显标示出来，当你来到两条道路或小径交叉处时，可以设置一根木杆指明正确的方向。

当一个人在树林中迷路时，要像每个伐木工一定会做的那样，坐下来仔细想一想。很多时候，他比当下可能认识到的更接近营地与同伴，若取直线方向，将会发现运木材的道路或河流，这将给出他的方位。最重要的是不要害怕。若应急包与午餐没有忘记带的话，单独在树林中过一天一夜决不是件难事。要避免奔来奔去消耗精力，不要忘记给正在走过的小路做标记。把灌木枝条朝着旅行方向折倒。不要为了引起关注而打出最后一颗子弹，不要大声叫喊使嗓子嘶哑。坐下来用未干木头、潮湿的树叶或苔藓生一堆火，这可以产生烟雾。距第一堆火不远处生第二堆火。这是公认的迷路人的识别信号。下午可能起风，日落后风肯定会停息，火堆上的烟雾就会上升，相当远的地方都能看到。有经验的伐木工迷路时，他只是在所在位置露营，等待第二天寻求出路。

帐篷和掩蔽所

· 如何建立营地 ·

采用树林中常有的材料建立临时营地有多种方法。不管这些临时掩蔽所要用到永久营地建好为止，还是仅仅作为短期旅行的营地，在建设它们的过程中会有很多乐趣。生长良好有树枝垂向地面的常绿树能提供建设营地的全部材料。把树干砍得接近穿通，这样，树倒下时，其上部仍与树桩相连，能很快建成一个可用的掩蔽所。树干的切口应离地面约1.6米。然后把倒下的那部分树木下侧的大小树枝砍掉并堆在上侧。在这种掩蔽所的下方有容下几个人的空间，除了会被大雨淋湿外，它能提供十分良好的保护。

棚屋能较好地排泻雨水，在没有合适的树可砍的地方，它是最容易建造的营地。取三根上端绑在一起的长木杆，下端分别相距2.4-3米，形成棚屋的框架。在这些木杆上很容易堆积与编织树枝及灌木，以便在暴雨时排出大量雨水。

灌木营地帐篷的形状与普通的A型帐篷类似。屋脊木杆长约2.4米，用离地约1.8米的带杈的直立杆支撑。屋脊木杆常常能放置在两棵小树之间。考虑到光线，避免将屋脊木杆放在高大树木之间。然后在每一侧放8或10根木杆斜靠在屋脊木杆上。雪松或铁杉树的大枝条是覆盖灌木营地帐篷屋顶的最好材料。它们在斜杆上的堆积厚度要有0.3米，并且内外交织使其不下滑。再在其上放置一些杆子防止风将它们吹走。

在有大量大片树皮的树林中，可迅速构建披屋和可供使用的营地。屋脊木杆的放置与灌木营地帐篷相似。仅在一侧斜靠着屋脊木杆放置3或4根杆子。这些杆子的末端要插入地下，并与带杈口的木杆或者屋脊

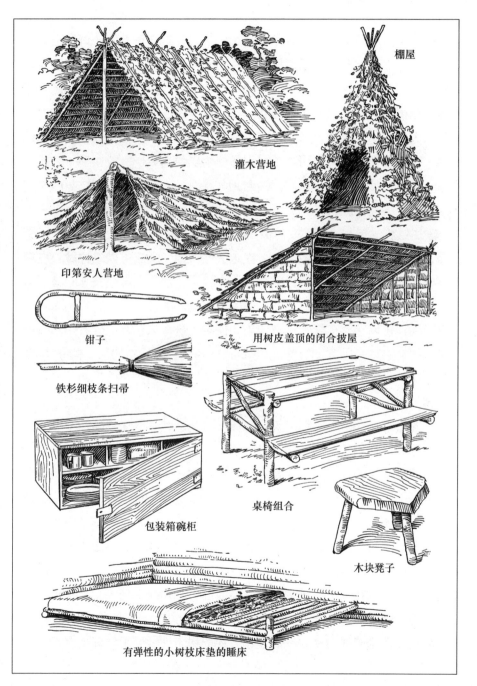

棚屋

灌木营地

印第安人营地

钳子

铁杉细枝条扫帚

用树皮盖顶的闭合披屋

包装箱碗柜

桌椅组合

木块凳子

有弹性的小树枝床垫的睡床

木杆固定。然后把长杆子放在这些斜杆上，与斜杆交叉放，再用灌木覆盖（如建立灌木营地帐篷那样），或用大片树皮像木瓦板那样互相重叠覆盖。用树皮的地方必须用钉子使其固定不动。树皮也可用于棚屋，用绳索把树皮固定，绳索从地面到屋顶以螺旋式走线。在初夏，树皮很容易从大多数树上取下，只要绕树干做两个环切口，再在两环切口之间做另一个垂直切口即可。用斧子很容易使树皮脱离树干，放在地下并压上重石头就可使其干燥平整。建造营地帐篷时，1.8米长、0.6米或0.9米宽的树皮是比较合适的。

用铁杉、云杉、雪松的小树枝及细枝条堆0.6或0.9米厚并用毯子覆盖，就做成了最佳的营地睡床。在永久性营地，睡床可以这样做：在简陋框架的两根大杆子上横着紧密地放小杆子。在其上堆放长绿细枝丫或干树叶，毯子或一段帆布铺在上面固定在侧面的杆子上。这样的床软而有弹性，可以在整个野营季节使用。便携式帆布床在营地装备中不占很多空间，它用一段宽1米、长1.8米的厚帆布制成。帆布的每一侧缝100毫米褶边，搭建营地时，50毫米粗的杆子穿过每一褶边，杆子两端支撑在有权的树干上。

近处有淡水，中午有树荫是选择营地地址时常要注意的两个要点。若打算长期使用该营地，多用途的器具能用从树木上获得的材料制造。建造将烧水用的水壶悬挂在篝火上的吊钩的最简单方法是，把两根木柱插入地下，火区在两木柱之间，每一根木柱离火区的一端0.3米以上，再用斧子将木柱顶上劈开，使跨过篝火的一根杆子能牢牢地架在两根木柱的劈开处。钳子是营地十分有用的工具。一块1.2米长、38毫米厚的榆木棒或山核桃木棒可做一副钳子。在棒中间0.3米长的部分切去一半厚度，将这一部分放在火上烤直到其容易被弯曲，把两端弯到一起。然后交叉绑住保持两端靠在一起，将端头做成适合的形状，使它们能把掉进火中的任何东西都能抓出来，一副使用方便的钳子就做好了。任何木棍子都可作为拨火棍。绕木棍的一端绑一些铁杉细树枝就是一把极好的扫帚。永久性营地用的凳子可用如下办法制作：将一段圆木劈开，在厚板圆面钻几个孔，再在孔中插入木桩作为凳腿。用短木桩和厚木板以同样的方法很容易制作三脚凳。

野营者通常会有几个携带食品的箱子。这种包装箱可以做成碗柜。也不难临时制作搁板、铰链、食品库的锁。

制造营地桌子的好办法是：在地面上固定4根柱子，钉上横木，用于支撑通过劈开圆木得到的平板，形成桌面。在桌腿上钉另外的横木固定并托住另一平板，用来作为凳子，可供几个人使用。

· 自制肩背包帐篷 ·

在各色各样的帆布帐篷中睡觉后，有读者发现它们均不是自己所喜爱的，于是就自己制作了如后图所示的帐篷，使用起来令人十分满意。其重量轻，搭建或收起方便，用纽扣扣紧密闭时，它能防雨、防风、防虫。制作它所需的材料成本很低。不仅可以用它作为睡觉的帐篷，而且还可以用作携带野营装备的大手提包。帆布用树林中砍下的柔韧枝条支撑。

帆布的详细设计见后图。它由三片组成：一片铺在地下，两片是垂直分开的，覆盖两侧。如图所示，帐篷主体部分，包括地面部分和上面覆盖部分是用1.8米宽的一段帆布制成。将两侧帆布的边缘A与主体部分的帆布缝在一起，然后再缝上边缘B，它是帐篷的屋脊。铜孔眼安装在主体部分的帆布上（见图示），支撑框架的尖端穿过孔眼后插入地中。当把帐篷折叠并卷起放入一个包后，将肩带C放在适当位置。其他装备也可以放在这个包内。帐篷支撑杆D的两头E削尖，在顶部弯曲。屋脊杆F使它们稳定，并撑起帆布帐篷的中间。

搭建帐篷时，将帆布在地面铺平，把弯曲的支撑穿过铜孔眼。再将它们弯入帆布帐篷的两端，并在支撑之间把屋脊杆插入。帆布料的规格是226克帆布，扣件是按扣，也可以用纽扣、搭扣或牵绳搭钩。

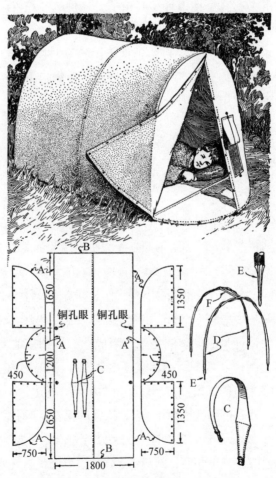

肩背帐篷不需要木桩、绑绳，支撑框架可以在营地制作。
（单位：毫米）

· 营地装备的管理与储存 ·

与那些在使用和冬季闲置期间都给自己的装备以很好的管理的人比较，一个处事马马虎虎的野营者会失去很多乐趣，因为不定期的仔细检查装备有利于人们与其他季节的活动保持联系。真正的乐趣在于，当一个人时常检查物品是否有锈斑、划痕或损伤处时，每一件物品会使人回想起一段经历。

帐篷常常被错误使用，这大大缩短了帐篷的寿命。棉帆布在潮湿时卷起搁置的话，很快会发霉腐烂。因此在储存前要注意使它干透。完全防水的丝绸或丝绸混纺帐篷在遇水后几乎与之前一样干燥，所以可在任何时候打包带走。不过，所有的帐篷及雨衣雨布在雨季使用后都应该洗净并干燥。

毯子非常吸湿，应该常常抖抖，然后铺在灌木上在太阳下晒干，至少一周一次。在夏末较冷的晚上，晒干后的毯子相当暖和。

包装带和绳子不应放在露天，因为那样会加速它们变硬或变脆。松鼠喜欢通过咀嚼皮带得到盐味。若把皮带留在野兔出没的地上，它很快就会被咬成碎片。所以应把皮件挂在帐篷顶上，远离篝火，时常涂点油。

独木舟不应整夜被留在水中，在不用的时候也不应留在水中，因为停在水中它会受潮。不应这样停放，就像枪支不应沾污存放，斧子不应在不锋利时存放。如果重载乘船巡游，晚上露营时，把东西堆放在河岸上，把独木舟翻过来。若不必要时独木舟仍停留在水中，或其内部暴露在雨中时，它很快会被水浸泡，运输起来很重。此外，在太阳下晒干后会漏水。

独木舟底部的细孔可用云杉木、落叶松或松树等的树胶修补，用明火熔化的树胶修补小孔，同时靠近需修补处吹气。覆盖底部的帆布有破损的话，可以用刀或棍子将刚熔化的软树胶涂上做修补。

在浅河水中前进时，木板独木舟底部会形成毛皮似的摩擦裂片。应在每晚用尖头刀将它们削短，防止裂片被继续拉出进而发展成大碎片。除非有铁包头，船桨和篙的端头会变粗糙，需要修整。

若使用纤绳，大部分时间它是湿的。若不经常弄干，它会腐烂。每个拉纤的人都知道在急流中使用腐朽纤绳是十分危险的。

在冬季，独木舟应刮削并用砂纸磨光，鼓出部分要敲下去，对表面常常进行维修，外部上油漆，内部上清漆。

普通渔夫热心于照管他的装备，不需要任何催促，枪支使用者应从中得到启示。即使整天没有打一枪，手上的潮气，或树林与沼泽地中的潮气都会引起锈斑或腐蚀枪膛。每天晚上把枪收起时，要把枪膛与枪的外表都用油布擦拭。

用清洗杆清洗枪膛比用普通的拉线清洗安全，清洗也更彻底。当拉线拉厚擦拭布时，它可能断裂而引起麻烦。木杆（尤其是山核桃木杆）是最好的，而对于小枪膛，金属杆比较结实。不过，必须注意不要过度磨损枪口。打猎武器在储藏前要仔细地检查维修，涂一层油，防止金属部件生锈。

· 防蚊的营地庇护所 ·

在温暖的夜晚或白天午睡时不愿意待在营地帐篷时，可以用在大多数野营地都能获得的材料造一个防蚊庇护处。做法如图所示：取几根直径19毫米、长2.4米或3米的柔韧细树枝，比如柳树枝或类似的树木枝条。将枝条两端削尖，先将一端插入地中，枝条交错放置形成两排，相距1米左右。顶部弯曲，把另一端插入对面一排的地中，再用绳子把它们扎成高度一致的拱形（见图示）。然后绑扎屋脊梁杆。用蚊帐纱布覆盖此框架，在一端提供一个入口。图示的庇护所是一个人用的，建造大一些的也很容易。支撑在柱子或树木之间的帘子可以遮太阳。

用林中的柔软树枝建造一个框架，其上覆盖蚊帐纱布。

· 吊床式睡眠帐篷 ·

图中所示的吊床帐篷的特点是简约紧凑而又通用。将一块帆布缝在普通的三角小帐篷的侧面就可以做成这种帐篷。用系在树上或柱子上的粗绳子做帐篷屋脊，将帐篷悬挂。帐篷两边用系在打入地面木桩上的帐篷绳绷紧。

　　这种形式的帐篷特别适合在很小的空间提供良好的睡觉场所。它免除了潮湿，并给野营者提供了舒适的住处，不受在附近徘徊的动物的影响。

舒适的睡眠帐篷结构图。

·一套可折叠帐篷杆·

　　自驾汽车旅行者与轻装旅行者希望他们携带的帐篷及其他装备越紧凑越好。图示的可折叠帐篷杆就有这样的好处。这些杆子用扁铁条制成，切割成合适的长度，用螺栓和蝶形螺母装配。水平铁条的一头磨尖

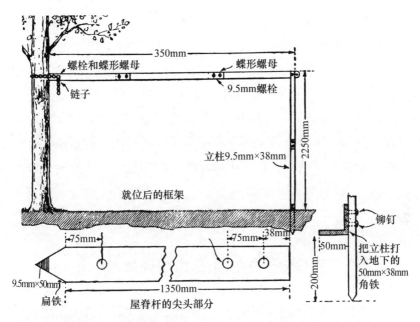

自驾汽车旅行者和野营者十分了解一套分段帐篷杆的价值，因为他们必须以最紧凑的方式收拾行装。

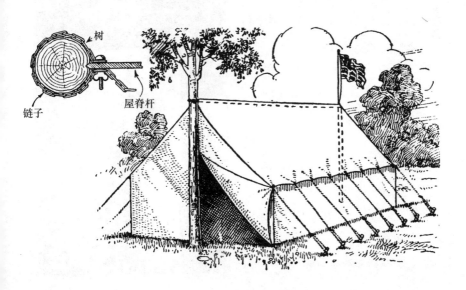

用长度合适的链子将其固定在树上或柱子上。垂直铁杆的下面削尖，并在离末端200毫米处装一个L型部件，作为止挡并有助于把铁杆打入地下。支撑铁杆装配好并竖起后，就可以通常方式装帐篷，钉木桩，牵绳索固定。至少要给铁条刷一层油漆，以防止生锈。

如果制作金属杆不方便的话，可以按同样的结构制作一套木杆。但是在这种情况下，应该采用滑配接头或盖板接头，这就没有必要使各段的末端互相重叠，在木杆中形成不美观的接头。帐篷的入口可以开在任何一头。

· 伞和薄棉布做成的袖珍帐篷 ·

由于没有方便更换衣服的地方，想要洗澡的郊游者常常不能满足自己的需求。一把伞和一些薄棉布可提供一顶轻型袖珍帐篷，它既实用又花费不多。剪多条长度为2.7米的棉布，条数与伞的区段数一样。将这些棉布条缝在一起，在每一条接缝处系一根约0.9米的带子。准备一根长4.5米的结实绳子用以系在伞把上提起这顶帐篷。使用时，把伞打开并倒置，棉布接缝处的带子系在每一个伞骨上。然后把绳子的一端系在伞把上，将其悬挂在树上或其他支柱上（如图），在绳子的另一端加上重物或者系牢。

· 可用作包装套的帐篷 ·

当没有用作庇护所时能用作包装套的帐篷的优点是非常明显的。生活简单并在背上（或在独木舟中）携带睡床及食物的运动员和旅行者最喜欢这种帐篷。

有两种方法制作图示的这种帐篷：一种采用一整块矩形防水帆布或其他合适的材料，其长度是宽度的两倍。在帆布四周做牢固的褶边，并在虚线的端头缝上铜环或铁环（如图）。另用一块四方材料做成门帘（或前垂片）。图中所有虚线表示搭建帐篷时的折叠处。用这种方法制作这种帐篷时不必做任何裁剪。

另一种方法需要沿图样中的虚线裁剪。裁成的各片缝制在一起，接缝放在里面，这样制成的帐篷比较正规。可以先做一些不同尺寸的纸样，再按纸样裁剪帆布，就很容易保证帐篷各个部分的尺寸正确。图中帐篷的尺寸是适宜的平均值，需要用一段宽2.4米、长4.8米的材料。布料可以不是一整块，但用一整块比较好。若采用0.9米宽的

对在林中简单生活或在独木舟中轻装旅行的运动员或休假者来说，图中的帐篷不仅提供了晚间庇护所，而且可以作为个人物品的包装套。

布料缝制成所需的整块材料时，要
用上蜡的粗线将裁成的布条纵向缝
在一起，接缝方向与缝好的4.8米
长的布料的长边方向一致。为了加
固用于固定帐篷的应力最大的各角
点，在缝有铜环的两边缝上布补丁
是一个好办法。此帐篷足以供两人
使用。搭建好后，帐篷宽2.4米、
深1.8米、前面高2.3米，往下倾斜
至后墙，后墙高0.75米。

对于轻便的夏季帐篷，本色
厚棉布也是不错的选择。若需要
较厚布料时，可用几种厚薄不同
的正规帆布料。

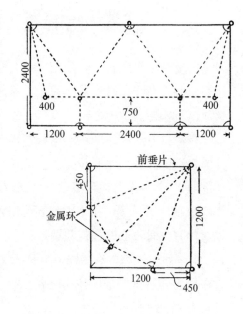

· 用树枝和茅草构建的洞穴住所 ·

在洞穴中居住所具有的独特浪漫情调，对少年的吸引力一直没有减
弱。这可能是因为小说总是描写海盗或其他著名角色源源不断地把他们
掠夺来的赃物存放在洞穴中。在洞穴居住是相当危险的，因为泥土塌陷
很可能对人造成伤害。而本文描述的住所是令人满意的替代洞穴。

两根有杈木柱牢牢地插入地中，屋脊木杆架在木杈上（如图）。把
一些小杆子或幼树以一定角度倾斜放在屋脊杆上形成两个侧面。将这些
小杆子的底部埋入地下就更加牢固。在此框架后面半圆弧内安置一些杆
子，这些杆子靠在后立柱与屋脊杆的交叉处。用树枝、茅草、树皮或草

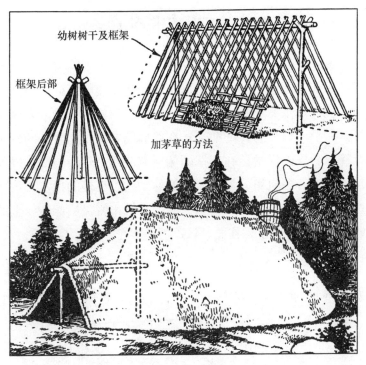

幼树树干及框架

框架后部

加茅草的方法

对少年来说，在洞穴中居住具有独特的浪漫情调。这个洞穴住所可在任何地方建造，是十分安全的"盗贼窝"。

皮将此框架覆盖就建成了一个住所。如果用茅草，必须在框架水平方向上钉或绑木杆，或者在侧面小杆子之间编织细树枝，就像编织竹篮那样。然后从底部开始放茅草，底部一行茅草铺好后，再铺另一行使各行搭叠，直至到达顶部为止。在屋顶的一头留一个孔，使在孔下生火的烟雾可以逸出。若前立柱的中间有树杈，可以用前面提到的方式再建一个小的延伸部分。这样，少年"海盗"和"走私者"将不得不模仿他们认为时髦的方式爬进他们的住处。

· 永久营地用的帐篷 ·

把帐篷搭建在0.4米或0.6米高的木墙上，并将加固绳索系在侧面抬高的栏杆上（如图所示），就可以把普通帆布墙帐篷建得更加舒适。在入口一侧的墙上有门框，在其上装纱门。门框中央的上方装一根短帐篷杆，用以支撑屋脊杆的前端；在后面需要一根比较长的杆子，以支撑帐篷屋脊杆的后端。在门框两侧下方装两个较小的门可以使通风更好。附加有一条帆布的窗户遮阳篷卷轴安装在门的顶上，可以防止雨水刮进来，也增加了房屋的私密性。将帆布帐篷底部边缘上的金属孔眼或套圈在螺钉钩上钩住后，帐篷就装牢在木墙上了。

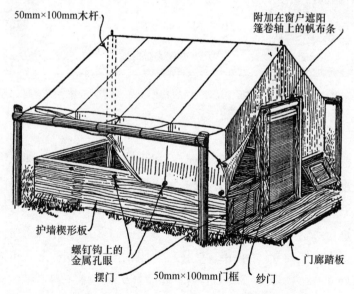

把帐篷搭建在木墙顶上就可以大大扩展普通帆布墙帐篷的内部空间，用纱门防止昆虫进入。

· 不用杆子竖立帐篷 ·

尽管有很多野营者已经注意到并议论这样一个众所周知的事实：帐篷杆是非常烦人的，但是他们中的许多人决不可能想到，完全有不用杆子而改用绳子将帐篷竖立起来的方法。用穿过帐篷内部的绳子替代屋脊杆。这根绳子的两头穿过帐篷每一端的金属孔眼。在用杆子搭建帐篷时，这些金属孔眼是放在端头木杆的尖头上。在每一金属孔眼或套圈的下面打个绳结，防止帐篷在中间下陷。绳子的两端以合适的高度系在两棵树之间，如图所示。假如只有一棵树可用，帐篷绳的一头系在树上；帐篷的另一端固定在一根绳子上，该绳子一头系在树的树枝上，绷紧后另一头系在牢固地打入地下的木桩上。木桩在帐篷前面一点，与其中间成一直线。

帐篷中的金属孔眼

把帐篷侧面的绳子打结能保持顶部成一直线

对于野营者来说，帐篷杆的不利之处是显而易见的，但图示的帐篷就可不用杆子搭建。

· 帐篷的纱门 ·

住宅装纱门是用于防止昆虫进入。帐篷居住者虽然不希望各种各样有害的昆虫生物进入，但是若不采取措施，帐篷内闯入大黄蜂是完全可能的。用纱门装

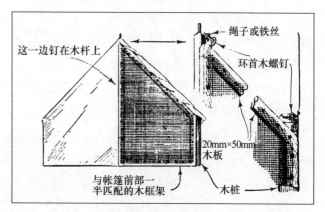

野营者帐篷的纱门向上开。

备帐篷可以防止昆虫进入，野营者在天黑后就能在帐篷内点灯。做一个轻型木框，如图所示用铁丝网或蚊帐布覆盖。在帐篷的一角打入一根木桩，用环首木螺钉和铁丝把门的一角固定在木桩上，用类似的方法把上面的一角固定在端头木杆上。

· 如何制作钟罩式帐篷 ·

钟罩式帐篷制作简易，非常适合用于草地，也可用作青少年的野营装备。附图是直径4.2米的帐篷图样。为了制造这一帐篷，可采用最合适的材料，即本色帐篷帆布。裁剪22块形如图3的帆布，每块长3.15米、底部宽0.65米，成锥形。在机器上用双针脚把这些布块搭接纵缝。缝制最后一条缝时，仅从顶点缝制到离顶点1.2米处，其余部分不缝。在这条缝的末端，缝上用于加固的三角形布条，使该接缝不会绽开。将开口的两边

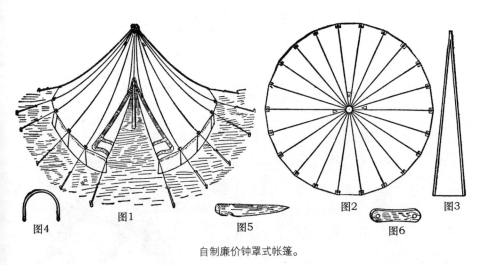

图4　图1　图5　图2　图3　图6

自制廉价钟罩式帐篷。

及钟罩形套子的底边向后折叠，用75毫米宽的边带给底部镶边。在接缝处有金属套圈用以连接固定拉绳。在套子顶部附近剪出三个长200毫米、底部宽100毫米的三角形孔，并在边缘缝褶边。这些是通风孔。用同样布料做帐篷围墙，高度是0.65米。用边带在上边缘给其镶边，底部用帆布镶边。在围墙底部还要缝150毫米宽的粗帆布，当帐篷升起时，这部分帆布用于填补墙与地面之间的空间。把墙的上边沿牢牢地缝在钟罩套上。

　　要铁匠用13毫米镀锌圆铁给帐篷顶部制作一个直径150毫米的箍。将顶部帆布绕铁箍边沿缝牢。使顶部形成一个罩子，其内部用结实帆布填充。帐篷支撑杆直径为75毫米，应该是两段，有轴套接头，杆顶上磨圆与帐篷顶部匹配。

　　升起帐篷时，用拴在其下沿的结实的绳圈和穿过绳圈打入地下的小桩钉（图4）将帐篷墙向下固定。从帐篷圆形边沿上的金属套圈到打入地下的木桩（图5）牵引固定拉绳。在拉绳上用图6所示的木块绑住绳头，并调节绳子的长度。

装备和工具

· 野营水袋 ·

外出野营旅行时，有一种冷却物品的方法。剪一条长约0.6米、宽约0.3米的厚帆布，将边缘缝起做成一个边长0.3米的方形袋子。在袋子上方的一角缝入一个大的瓷绝热管作为接口；用布把其四周的沟槽做成不漏水的接缝。在袋顶的布上缝两个金属环，用来连接带子，方便水袋的携带。侧面与上边的缝尽可能致密。使用中，用尽可能凉的水充满此水袋，并用软木塞塞紧。然后把它挂在有微风的阴凉处。水逐渐透过帆布渗出，蒸发，保持物品冷却。在钓鱼或在旅行途中，使用此水袋很方便。

· 野营者用的组合箱桌 ·

用大箱子可以制作非常实用的行李箱与野营桌的组合。若能得到有三合板顶部的箱子，其外表就很匀整，但这并不是必须的。箱子外形尺寸长725毫米、宽500毫米、深350毫米比较适宜。当行李箱使用时，它可以搁到货车的椅子底下；当桌子使用时，桌子下方的空间可以容纳一个人的膝盖放在它下面。

将箱子精确地横向锯成两半，形成长宽不变但深度为一半的两个箱子。每个箱子的四角应在外侧加固，如图1中A所示。木条B固定在箱子内侧形成放支柱的插座C。木条厚13毫米，宽32毫米，长度与箱子的深度一样。四

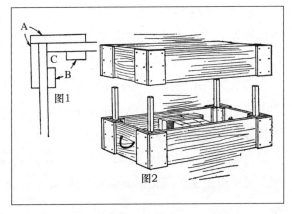

箱子角内侧的木条形成放支柱的插座。

根支柱长约300毫米，其尺寸与插座C匹配，以便在搬运时把两个箱子结合在一起。每个箱子的端头固定绳子拉手，钩子与钩眼用于把它们锁在一起。

要把两个箱子合在一起时，先将一个箱子的开口朝上（见图2）。然后把物品放进去，到与支柱端头齐平为止。最后把箱子的另一半插在支柱

图3

箱子的一半翻转后放在桌腿上用作桌面。

上，用钩子把箱子两部分固定。若用绳子绑好，此箱子可以携带行李。到达营地后可以把帆布帐篷及其他物品（不包括食品等生活物质）可以放在箱子的一半内，而将另一半转换成桌子使用。

为了把箱子做成一张或两张桌子，先将支柱去掉，再在每一半箱子的插座中插入长桌腿。8根桌腿（每根长度是0.75米）所占空间很少，可以斜放在箱底携带。用一块油布把它们包起来，油布随后能用作桌布。桌腿与插座之间的配合要松一点，以便在潮湿天气时木材膨胀后也能用。通常也用楔子将桌腿弄结实。图3显示的就是这种桌子。

· 野营者用的食盐与胡椒粉容器 ·

一位野营者找到了一个极其灵巧地携带食盐与胡椒粉的办法：采用一段中间有节的竹子，两头用软木塞塞紧。

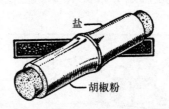

盐

胡椒粉

· 徒步旅行者用的厨房 ·

本文描述的厨房是为了满足36个少年4天的炊事需求，4天或是在旅途中、或是在永久的野营地。由于它是放在两个轮子上的（厨房被使用时将轮子移去），所以能用车轴将它系在马车的后面，从待了一天的营

厨房装备密实地装在橱柜中，安放在轮车上运输。

地转移到另一个营地。轮子移去后，整个装置搁在从底部摆放下来的支柱上。打开侧板及一块端板，一半向上摆放在顶上，另一半向下摆放到水平位置，用来作为操作板，这样所有的东西都容易取放。

厨房关闭后是一个放在轮子上的大箱子，其外形尺寸是长1.6米、宽0.9米、高0.62米。这种厨房的主要特点是紧凑简洁。一端向后延伸约0.3米的空间是厨房的储藏室，盘子、糖、盐、面粉等放置在各个格子内。这里也放一些厨房用具，如切面包刀、斩肉刀、大菜刀、烹调用的勺、烙饼用的锅铲、细眼筛、大肉叉、柠檬压榨器等等。小的盒装和袋装发酵粉、可可粉等放在镀锌铁皮做的隔板上。整个室内以及所有处理和制备食物的地方均用0.3毫米厚的镀锌铁皮衬里。比较清洁卫生，也是这个厨房的一个特点。

绕到另一侧可以看到有三格的大烘箱，宽530毫米，用汽油炉加热。在汽油炉及烘箱底部之间有加热水的盘管，这些盘管与烘箱上方容量为26.5升的水箱连接。水箱附有气阀和玻璃水量计。

相邻的格子是一个大储存空间，两侧是贯通的。在此空间的上部是9.5升的锻铜汽油箱。在这一侧的后端有镀镍的几个水龙头分别与热水箱、26.5升的白搪瓷牛奶罐、68升的冷水箱、以及冰水箱连接。这些龙头将水或奶排到小槽中，然后通过普通的水槽排放装置，依次排放到在其下面底板内挖的孔中。实际上，厨房的这一端全部被大水箱、冰盒、牛奶罐占据。不过，底部的一个小空间除外，那里有一个抽屉存放银餐具。

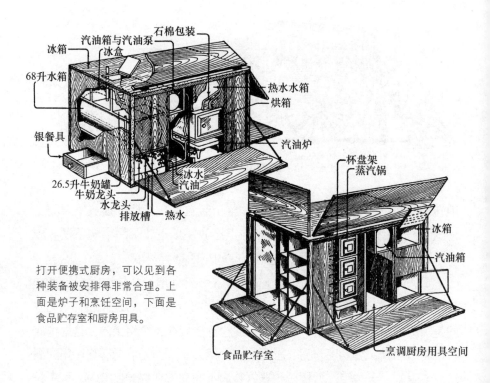

打开便携式厨房，可以见到各种装备被安排得非常合理。上面是炉子和烹饪空间，下面是食品贮存室和厨房用具。

另一侧的后端，大水箱上下两格形成了储存火腿、熏肉、香肠、果酱、黄油等食品的极好空间，这些东西需要放在阴凉处。相邻的是大储存空间的另一端，它从另一侧穿通延伸过来。平底锅、提桶、罐头食品、大包裹等均存放在这里。

在这一侧的边上安置了几个格子隔板，放白铁杯子。与其紧邻的是三格蒸汽锅。把杯子和盘子放在也用汽油炉加热的蒸汽锅的近旁，能使它们保持充分干燥，锈蚀的危险就比较小。只要有汽油炉的地方，放汽油炉的格子不仅要用镀锌铁皮衬里，还要在内侧放几层非易燃材料，使热量不会点燃内部包装材料或木制品。油箱水箱等的开口可以安置在厨房的顶部，以便灌充和清洗，这些箱子用碎软木包住。

在许多人一起露营时，使用这种厨房，能非常有效地进行炊事工作。

· 独木舟上的火炉 ·

用于在太平洋沿岸波涛汹涌的海面上捕鲑鱼的小舟空间有限且摇摆不定，图示的独木舟火炉就是适应这种情况建造的。它用废弃的方形煤油桶制成。在离桶底100或125毫米的一侧切割出一个通风孔，并在桶底铺一层沙子。在与通风孔一侧相邻的两个侧面上，离桶顶边缘约75毫米处相对各钻两个洞。两根铁杆平行于通风孔穿过这些洞，用来支撑烹调器具。火的烟气从烹调器具的四角排出。用这种方式制作的炉子的优点是可将烹调器具保持在铁杆上，没有一点火会落入水中，炉子能用作储存箱。

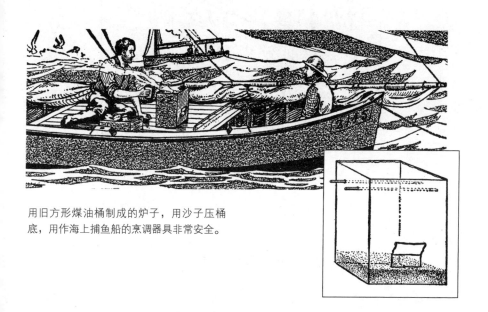

用旧方形煤油桶制成的炉子，用沙子压桶底，用作海上捕鱼船的烹调器具非常安全。

· 营火上的烹调器具架 ·

附图显示了一个把烹调器具稳稳地置于营火上的紧凑又简单的器械。它可以折叠为一小捆，且重量轻，这些特点在野营装备中都是很重要的。

该器械由支撑在钢杆B上的两段铁管A组成，钢杆B的上端弯成环圈。杆的下端削尖后插入地下，将两段铁管的一头比另一头分得开一些，这样就可以支持大小不一的烹调器具。

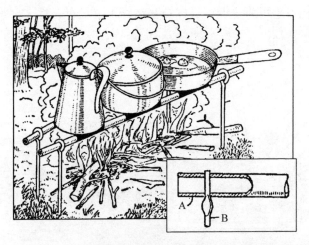

固定在钢杆上的铁管组成了营地中简单又令人满意的烹调器具支架。

· 营地烧水桶的提取 ·

从营火上提取烧水桶要特别小心谨慎，既要避免手指烫伤，又不能让桶中的水洒出使火熄灭。

幸而附近总能找到尺寸合适的有杈的树枝，在其上切出3个V字形凹口，这样就制作了一个如图所示的安全把手。这个把手还可以防止把手和桶边缘滑动。利用这个方便的小工具，就不必等水桶提手完全冷却才去接触它，因为可用图示的方式从营火上取下水桶，并将桶内的东西倒出。

· 固定斧头 ·

不可能总是知道斧头的固定是否可靠，特别是在冬天使用重斧时。不过，采用图示的简便方法就可以确保斧头的安全。

用厚1.6毫米的扁铁做一根图示的销钉，在斧头用楔子楔牢后，将销钉打入，直至销钉的肩压在斧头上。然后通过销钉上的孔把螺钉拧进斧头把中。即使楔子松了掉出，斧头也不会飞出去。

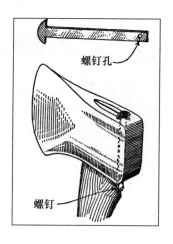

螺钉孔

螺钉

· 用三个铰链做的营地火炉 ·

图中所示的新式营地火炉是用三个普通的铁板铰链做成的。用小螺栓把铰链的一端固定在一起，形成一个中心，另一端则插入地下。螺栓头应是扁平的，用螺母紧固，使铰链用于放置器具的部分尽可能结实。这个炉子不用时可以折叠，在野营装备中只占一点点空间。

铰链

螺栓

打入地下

· 营地用的速成有柄勺 ·

宿营时没有勺或其他手段取水时，可以效仿过去猎人的做法，他们用树皮做成实用的有柄勺。将一张白桦树皮、硬纸或其他材料剪切成200毫米×250毫米大小（见右图）。沿中间纵向将其折弯后展开，然后稍稍沿对角线折弯、展开。为了做成勺的形状，把手指摁在一侧边的X处，向上向前推三角形内面，直至其成为图示的形状。一根劈开的树枝紧压在叠接处，用小钉子或大头针固定。

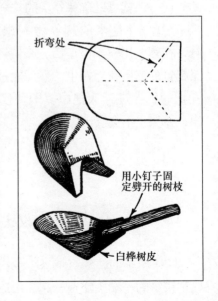

折弯处

用小钉子固定劈开的树枝

白桦树皮

·营地装备箱·

在野营和乘独木舟旅行时，有一种装置能使旅行装备完整一点，使营地生活更惬意。这一实用装置就是独一无二的装备箱。

根据经验，野营者知道，要想旅行成功的第一个重要因素是装备的紧凑性。外出野营旅行时，希望携带的包裹数量越少越好，特别是在步行旅途中。这个装置减少了不必要的包裹数量，使野营者或独木舟旅行者的旅行更简便。它除了可以用作装备箱外，也给一些小物件提供了贮藏空间，而这些小物件通常对野营者的生活非常重要。

可以适当选择箱子的大小，只要两个人搬起来不太笨重即可。这种大小的箱子是有人在一次几百公里的独木舟旅行时使用的。根据经验，这对划独木舟旅行的人是合适的。如果野营者打算有固定营地，将其行李拖运，最好是用大一些的箱子。把本节的几张图看一下就可知道此箱子的大体比例。在某些情况下，能拿到一个现成的与要求尺寸差不多的结实包装箱，就可以不用费劲制作了。此装备箱的显著特点是带铰链的盖子、可折叠支柱及可折叠角支架。盖子打开时放在角支架上，角支架不用时可折叠靠在箱子背后。支柱也是如此。它们折叠后横靠在箱

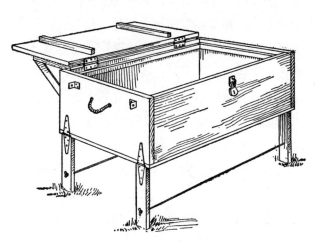

可以在营地使用的装备箱，盖子已向后翻转架在角支架上，支柱腿也已伸出。

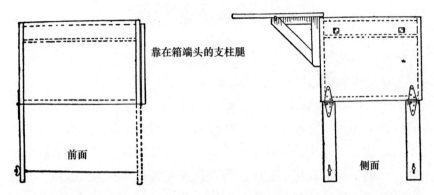

靠在箱端头的支柱腿

前面

侧面

箱盖角支架及4根支柱腿折叠后靠在箱子的侧面，以这种方式外出时，箱子便于携带和贮存在小空间内。

子上，用铜弹簧夹夹住。

在旅行中会携带酒精炉，用来烹调所有的食物。因此，顶盖的内侧铺一片防火材料，当有铰链的盖子打开并放上可折叠的角支架上时，有防火材料的一侧在最上面。炉子放在此材料上，非常安全。盖子的大小足以在其上进行所有的烹调工作，箱子高度使得烹调时不用弯腰，比蹲在营火前眼中满是烟雾要舒服得多。支柱用铰链连接在箱子上，其连接方式使箱子的全部重量都置于支柱上，而不是在铰链上，用铁丝紧固器使支柱不散开。在移动时，铁丝和螺栓可以包起来放在箱子内。顶盖用不外露的铰链连接，并加锁使其成为存放贵重物品的安全场所。

制作盖子时，使其能盖住各侧板之间的接缝是非常明智的，这样，下雨时，盖板就可使箱子防水。在一端可以做一块隔板，里面放零碎物品。可安装一个与旅行大皮箱内的隔底匣相类似的浅匣，放刀、叉、匙子等，同时将易变质的粮食等生活用品放在匣下面。给箱子刷两遍漆，里面涂虫胶清漆。

可折叠支柱用的铁丝紧固器做法如下：取4颗直径6.4毫米，长50毫

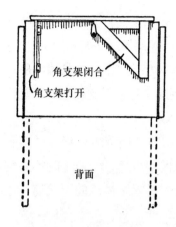

角支架闭合
角支架打开

背面

用铰链把角支架连接在箱子背板上，用门扣扣住折叠后的角支架。

米的机器螺栓（任何螺纹都行），带蝶形螺母及垫圈。锯去或锉掉螺栓头，在每一螺栓的一端钻一个小孔，孔的大小要能穿过16号镀锌铁丝。离每一支柱底部50毫米处钻一个能松快地容纳螺栓的小孔。测量箱子放在支柱上时各个支柱外侧边之间的准确距离，铁丝比这个距离长25毫米。螺栓穿过支柱内的小孔伸出，装上垫圈及螺母。拧紧螺母，把铁丝拉紧，就能使支柱牢牢固定。

顶盖的大小决定了它打开时起支撑作用的可折叠角支架的尺寸。这些角支架的材料可以是木块，但用下述方法能制作更轻更好用的角支架。若顶盖为500毫米宽，750毫米长，做的角支架可为250毫米×325毫米。构建角支架时要使两个角支架的横向总长度比箱子的总长度短100毫米，有利于不用时将其折叠靠在箱子的背面。图中清楚地显示了这一点。图中的角支架是用厚13毫米、宽38毫米的栎木做的，接合处对半连接在一起。用铰链把它们连接到箱子的背板上（见图示），折叠时用简易门扣固定。盖子打开时，其重量足以维持角支架不动。不过，为了确保使用时它们不摆动，在每个角支架的端头插入6.4毫米的木钉，使其凸出6.4毫米。在顶板内钻两个深度为6.4毫米的孔，当顶板放在角支架上时，木钉插入这些孔中。用铰链把角支架连接在箱子背板上时，要注意它们的高度足以将盖子支撑得与箱子成直角。

这个箱子全部用22毫米厚的白松木做成。支柱是22毫米×64毫米×450毫米。用普通的铁板铰链把它们固定在箱子上。向上折叠靠在箱子上时，它们不能超过箱子顶盖，所以当支柱长为450毫米时，箱子的高度至少应为475毫米。离支柱底部约50毫米处打入曲头钉，凸出3.2毫米。当支柱向上折叠时，将此曲头钉扣入铜弹簧夹的孔内。

如果是在固定的营地，将支柱立在装有一部分水的西红柿罐中是一个好主意。这可以防止蚂蚁沿支柱向上爬到箱子里，但支柱上的紧固铁丝必须放高一些。

除了金属部件外，做这个箱子没花什么钱，因为可以把一些旧包装箱敲开，得到足够数量的木板刨平做箱板。当然，做箱子时不必拘泥于这些尺寸，应使箱子的大小适合自己的要求。最终的形式随各人的喜好而异。

营地家具

· 用树枝做成的弹性吊床支架 ·

在许多野营地方，可以用香脂冷杉树枝或苔藓来提高床垫的舒适程度。与在野营点制作的吊床或床铺结合使用，这种床垫替代品不仅舒适，而且增加了野营的乐趣。图中显示了这种野营吊床或床铺的样子。制造时，砍4根1.8米长的杆子，重量要差不多，小头的直径为25毫米。这些树杆在离下端约0.75米处应有一个树杈，作为放置横杆的地方，如图所示。然后取2根直径50毫米、长1.05米的杆子作为放在树杈处的横杆，2根

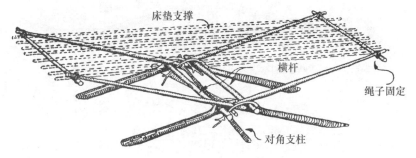

可以拆卸或原样转运到别处的野营床。

细一点的长0.9米的杆子作为端头横杆。再取长度为1.35米的带杈杆子作为对角支柱。将2根长杆互相交叉放置（如图），离地约0.3米。第二对杆子按类似方式安装。将横杆固定到位，放在树杈中，树杈枝条的末端固定在相对的横杆下。端头横杆用短绳圈固定在长杆上。床垫支撑是由许多根长2.1米的弹性杆相距50毫米，杆子的粗细端交互放置而形成的。杆上

覆盖苔藓，香脂冷杉树枝铺得厚一些，再用毯子铺在上面。

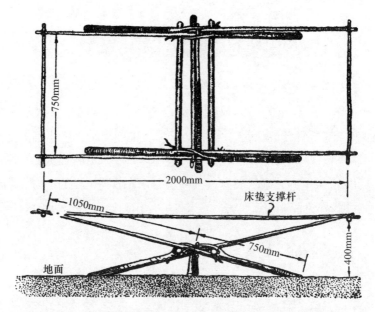

仔细地选择木杆并搭建，中间用结实的交叉支架，床垫支撑用较轻的木杆。

· 野营者临时使用的提灯 ·

外出野营时，唯一的提灯不小心被打破又无法修复，有必要设计某个东西取代它。取一个空罐子，在罐子的一侧把铁皮切割掉一部分，这部分75毫米宽，长度为从罐顶下50毫米处延伸至罐底上6.4毫米处。剪切部分A的每一侧向内弯成字母S的形状，在其中放一块玻璃。靠近罐顶处切割4个V形缺口（如B所示），它们的尖头向外转。在罐底切割狭缝，做成C处所示的形状，形成的尖头向上翻转，成为支持蜡烛底部的地方。再取一个大一点的罐子，在底部打孔。把它翻过来盖到另一个小一点的罐子上面。将一根粗金属丝穿过孔眼，并用一小段扫帚把作为提灯把手E。

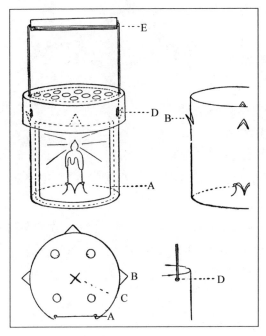

用旧罐做的提灯。

· 如何制作野营用凳 ·

图1所示的凳子是用榉木或其他合适的木头，以帆布或毯子为凳面制成。取四段长470毫米、25毫米见方的木头做凳腿；两段长280毫米、28毫米见方的木头做凳的上横杆；两根长度分别为215毫米和267毫米、19毫米见方的木头作为凳的下横杆。

如图2所示，凳腿的一端成型与上横杆中钻的16毫米孔匹配，两根上横杆上的两孔的中心距分别为194毫米和244毫米。下横杆用同样的方式连接，在每一凳腿离下端64毫米处钻13毫米的孔。每一对凳腿有一个接合点，该接合点的做法如下：在每一凳腿的中点钻一个孔，插

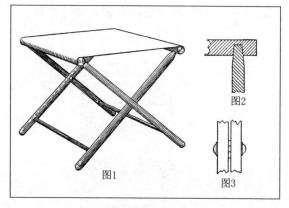

野营用凳详图。

入螺栓，在凳腿间放一个垫圈，再将螺栓在垫圈上铆住（见图3）。每一段材料均磨圆，既整齐又轻便。

需要长0.46米、宽280毫米的材料做凳面布，其两端用钉子牢固地钉在上横杆的下面。木构件可以染色并上清漆，或者本色上清漆；凳面布上用模板印刷一些有规则的图案，使人看到后感到愉快。

· 营地用的挂钩 ·

用下述方法可以方便地制作营地使用的衣服或用具挂钩：取宽度为32毫米的长皮带一根，把用铁丝做成的钩子挂在其上。每一钩子的长度约100毫米，材料是9号铁丝。将铁丝的一头弯成环，另一头穿过皮带上的孔。环可以防止铁丝从皮带上滑落，弯的方式要使铁丝钩的

一端在皮带横向系扣时向下悬挂。这些钩子在皮带长度方向上的间距为50毫米，皮带要留有足够长的尾端用于带扣及扣孔。皮带可以绕树或帐篷支柱扣紧。

· 营地用床 ·

附图显示了一张速成的营地用床。四角支柱用打入地下的四根带杈木桩组成，树杈要在同一水平面上，离地面约0.3米。木杆沿床的长度方向搁在树杈上，在其上覆盖两层重叠的帆布。若有需要，也可以沿木杆内侧将帆布缝起。

用放在带杈木桩中的两根木杆制成帆布床。

· 多样化的营地家具 ·

野营旅行时，除了必要的物品，其他东西都不要带，家具应该用树林中能得到的材料制作。用下述方法能做一张舒适的弹力床：用直径约100毫米小直树，切割出长度为1.8米的木杆，用来做两根纵梁。所有的树枝均修剪掉使树干光滑，为每一根在地下挖一条槽，两槽分开0.6米。找一些直径约25毫米、尽可能直的幼树，将树枝全部修剪掉后横向钉在纵梁上作为弹性杆。树的节疤、鼓出部分等应尽可能削去。每一件的两端削平（如图1中A所示），使其能稳固安置在纵梁上。

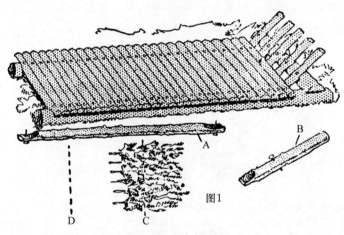

图1

用幼树及几层树枝床垫做成的野营床。

砍一根较大的幼树、削平，横跨纵梁钉在床头，再将几根幼树杆B钉在它上面。这些床头树杆长约0.3米，一端削尖后向地下打入少许，再把它们钉在床头横杆上。

没有用稻草充填的床垫套和枕套时，可以采用冷杉树枝。这些树枝不应大于一根火柴，弯曲的梗茎要转向下方。在床头开始放一排梗茎朝

图2

图3

用包装箱材料做的桌子和洗脸盆的三木桩支架。

向床脚的树枝。将另一排放在这一排上面，与其重叠一半，第二排的树枝顶部置于C线上，它们的梗茎处于D线上。当弹性横杆被完全覆盖后，以同样方式在这些树枝上放另外一层，如此铺设下去，直到厚度达150毫米或200毫米为止。这就是床垫的良好替代品。用树枝或树叶充填食物袋可制成枕头。

　　用几块栅栏木板或从包装箱取得的木板能构建一张实用的好桌子。桌子与椅子做成一体，图2清楚地说明了它的结构。桌子与椅子的高度分别约为0.74米和0.43米。其他尺寸由手头的材料及野营者的人数决定。

　　洗脸盆的支架用从幼树上切割下并插入地下的三根木桩制成（图3）。脸盆的边缘架在木桩头上。

　　只要手边有合适能用的树木，就可以制作图4所示的座椅。在树干上钻两个相距200毫米、离地380毫米、直径25毫米的孔。在孔内插入两根用幼树制

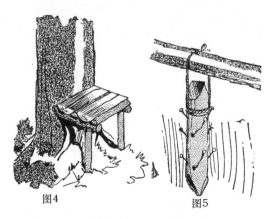

图4

图5

靠在树干上的座椅和帐篷屋脊杆上的挂衣架。

成的长300毫米的树条。伸出的这部分用同样材料的凳腿支撑。用圆木平板制作凳面，半圆一侧朝下。

帐篷屋脊杆上的挂衣钩架的做法见图5。挂衣钩架是由一段180毫米长、直径50毫米的小树树干及钉在其侧面用作钩子的钉子组成。其上端用绳子系在帐篷屋脊杆上。

· 营地用的剃须照明灯及镜子 ·

为了在晚上或日光不多的营地中能剃须，要有一面小镜子及手电筒。镜子在木支架上可以自由摆动。手电筒固定在镜子后面，比镜子稍高一些，且可在其底座上摆动，能向上或向下倾斜，从而改变投射的光

线方向。用一块32毫米厚、88毫米宽、与镜子框架一样长的木头做基座。两块形状如图的直立木板支撑镜子，使它在灯前有足够的空间摆动。灯的机身安置在基座上并固定在两片木板之间。靠近这两片木板的上端穿过一条铁皮带用来固定灯具。这两片木板的下端固定在螺钉上，并以此为支点可前后摆动。

一举两得

· 营地橱柜与餐桌组合 ·

这一装备可供4人用餐，折叠后很紧凑。

除非能使家庭成员在旅途中有一些在家中的感觉，否则就不应带他们外出。组合式的橱柜与餐桌能给人们带来家的感觉。左图中的餐桌能供4个人舒适地使用，若有需要可以再加一些位置。橱柜有一个紧密的盖子，在关闭时既牢固又紧凑。它防虫，即使被雨淋湿或制作工艺上有一些瑕疵也不会使柜内的东西严重受损。

对于咖啡、茶、糖、盐等等，用有螺纹盖的小玻璃瓶盛装。这些瓶子放在两端的小格内。橱柜关闭时，可以坐在上面，或者，放在船上时可在上面走过。如果在其上铺一抱或两抱沼泽粗草，即使在炎热的太阳底下箱内物品也能保持阴凉。打开使用时，金属桌面F被支撑在金属条E上面，金属条也用作箱子每一侧活动桌板G的支撑。这提供了宽敞的桌面，而且在烹调或就餐时很方便取得柜内的物品。关闭柜子旅行时，桌腿D储存在箱子里面。使用时，用金属板B和木块C固定它们的上端。箱盖两端的弯金属片A以弹力压在B和C上，形成把手。

· 秋千椅 ·

用下述方法能迅速又方便地制作一个舒适的草地秋千。一把椅子当座位。取一些强度足以承受一个人重量的绳子。将一根绳子的一头紧固在椅子前面的一条腿上，另一头紧固在同一侧的椅背上，如图所示，绳子要足够宽松可以形成直角。把同样长度的另一条绳子系在椅子的另一侧。再把另外两根绳子系在这两条绳子上，然后系在梁上或头顶的支持架上。

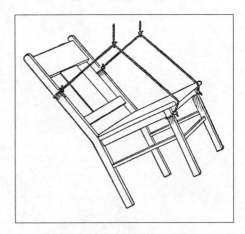

系在椅子上的绳子使椅子保持斜卧。

· 如何在自行车上装风帆 ·

　　这个附加装置是用于在海滩密实沙地上骑行的自行车，也可以用在平坦路面上骑行的自行车。图示的主要框架由两块木板组成，每块长约4.8米，弯成小船形状，为转动前轮留下大的空间。主框架上竖起携带主帆及三角帆的三角形桅杆，两帆的总面积约3.6平方米。框架用许多绳子固定在自行车上。

　　在自行车上起帆航行与在船上航行差别非常大，因为自行车不像船那样随风摇摆。需要一些时间了解风的力度，掌握以何种角度骑车才不会跌到。转弯时必须从风中转出，而不是像在普通航行中那样转入风中。当骑车人以正常速度前行时，支撑主帆底部的张帆杆就朝相反的方向摆动。

海滩上以风帆前行的自行车。

· 儿童四轮车用的风帆 ·

每个喜爱小船而只有四轮车的儿童能做一件将两者结合起来的事情，即使没有水也能航行几里路。按照图示的方法可以实现了这一点，只要在制作风帆时获得帮助。

把四轮车的车棚去掉，小船甲板用螺栓固定到位。甲板宽355毫米、长1.5米。桅杆用一根旧耙子把做成，长1.8米；张帆杆和桅上斜杆用扫帚把做成，舵杆用铁丝与前轴连接，能做完美的转向操控。

风帆四轮车在稳定的风中的行驶速度令人满意。

在砖铺路面上，风帆四轮车可以轻松地拉动另外两辆各载有两个孩子的车子，总共是5个孩子。当然，必须有稳定的风在吹。在砖铺路面上，坐两个孩子的车可以在5分钟内走1.6公里。

· 驾车旅行时用的折叠饭盒及桌子 ·

驾车外出游玩时，若随身携带午饭，可以按图示的方法做一个紧凑而又结实的饭盒与桌子的组合体。使用时，用铰链连接的盖子水平打开。附加在盒子一端内侧转动的木块有助于平衡整套装置。桌腿绕小铁杆旋转并向下打开。用附着在盖子下面的铁丝加固件保持桌腿垂直，铁丝的端头装入每条桌腿外侧边上的孔内。桌腿的下侧装有扣件，当向上折叠进缝中时，可以转动扣件把桌腿锁住，形成完整的盖子。

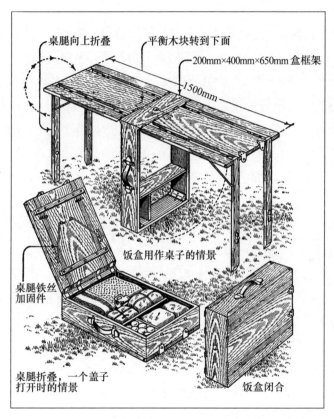

桌腿向上折叠　　平衡木块转到下面
200mm×400mm×650mm 盒框架
1500mm
饭盒用作桌子的情景
桌腿铁丝加固件
桌腿折叠，一个盖子打开时的情景
饭盒闭合

驾车外出旅行者用的集饭盒与桌子于一体的巧妙设计。

户外活动助手

· 伐木工的木筏 ·

制造横渡溪流或小河的木筏常常是野营者的一种消遣方式，他们有常用的野营工具和材料。伐木工面临的情况则不同：他们只有手中的斧头作为工具，为了继续行程，必须用原始材料建造相当安全的木筏。原木是很容易获得的，运气好的话还可以找到柳条、各种绳状树皮，甚至是粗海草。若没有这些东西，讲求实际的伐木工用原木建造木筏时，用木杆及在现场切削的尖头木钉牢牢地把原木钉在一起。图中所示的方法既简单又非常有意思。即使有其他方法能将原木绑扎成木筏，这一方法在树林中仍是很有用的，而且，少年野营者亲自去制作它是非常有趣味的。大图展示了做好的木筏，用嵌入槽口中的木钉绑在一起，小图详细地说明了交叉木钉夹住木杆的方式。

这一建造方法可以用于制作大小负载不同的木筏。选择木筏材料时，有几点必须注意。采用干原木比用湿原木或嫩绿原木好，若用后者，在承载同样重量时要把木筏做大一些。只有一个旅客时，用3根长3.6~4.8米、直径230~300毫米的原木以一定的间隙做成宽度为1.5米的木筏是稳定可靠的。负载加大时，所需原木的长度和直径大体上不变，但原木间的距离要靠近一些，做成的木筏要宽一点，浮力也会大一些。

可能的话，选择一个缓慢斜入水中的河岸，并尽量靠近这个地方砍原木及木杆。砍好的原木滚到河岸上，若这些原木的两端粗细很不一样时，要将粗细的两头交替放置。砍足够多的木杆，其直径为75毫米，长度要能横跨预计的木筏的宽度。然后砍一些长0.3米的硬木木条，将其一头按图示的样式削尖，做木钉使用。

有创造性的伐木工人用在河岸处搜集到的简单材料建造木筏；原木与木杆用槽口紧紧结合在一起，并用木钉固定。

　　把第一根原木（最大的一根）滚入水中，直至它近于浮起。若它是弓形或弯曲的，将弓起的一侧朝向木筏的外沿。在距原木一端0.45米处的上面沿直径方向切割50毫米深的槽。将一根木杆放在槽内，其一头稍稍伸出原木外，并在木杆的上边缘按图示切割出双槽，使得木钉钉入原木时能对角安置在木杆内切割的槽中。用斧子在原木上砍一些缝，砍时就好像剥树皮那样，然后把两根木钉钉入就位。按此做了以后，连接处就非常牢固。在原木的另一头固定第二根木杆，将两根木杆撑起，以便把第二根原木滚入水中置于木杆下。

　　第二根圆木滑到位前要开槽。中间的原木交替着一头固定。若时间紧迫，有些原木可以不用固定，只要它们紧紧保持在钉住的原木之间即可。原木全部绑好后，把木筏推入水中。若水流湍急，需要在下游用一根木杆对着河岸拉住木筏。最后一根原木也应是大原木，在水中浮起并将两头钉住。

这样，木筏就浮在水上，等待用轻木杆或灌木覆盖，给随身物品提供干的地方。随身物品放在靠近木筏的前端，控制木筏的人在后面用一根杆子划。

· 桦树皮护腿 ·

用树林中切割到的桦树皮能很快做成在灌木丛及林地内使用的优良护腿。选择直径为125-200毫米的树，切割厚树皮，得到绕树一周的两圈树皮，注意不要切得太深而对树产生损伤。把两圈树皮绕腿放置并留125毫米重叠部分。将树皮修剪成型后泡入水中以软化纹理。再把树皮靠近火烤至卷曲。这样，护腿就可以使用了。

· 有助于射手瞄准的镜片附着装置 ·

考虑到视力的变化，年长的射手常常发现自己难以聚焦目标。如果他用眼镜克服远视，目标及准星是清楚了，但后瞄准具总有些模糊。若采用近视眼镜，目标及准星就模糊，而后瞄准具就非常清晰。一位神枪手发现用图示的小装置可以消除这些麻烦。这个装置用中间切一条狭缝的窄硬纸片做成，用曲别针将其夹在用于瞄准的眼睛的镜片上。

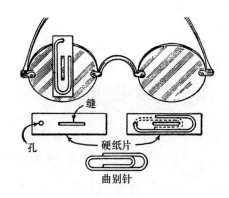

· 划船用的辅助镜 ·

在窄河渠中划船要求具有熟练的技巧，才能保持在河中间的航线。年轻的划桨手在保持直航线方面是会有困难的，划船桨力量的变化几乎会立即使船靠上河岸。

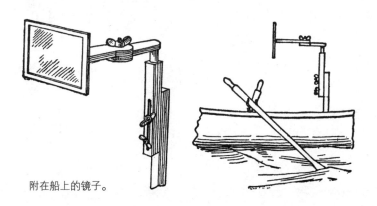

附在船上的镜子。

有一种富于经验的划桨手不需要但可能受新手欢迎的装置。借助于在适当的角度与高度在划桨手面前竖立的镜子，可以很清晰地看到河水、河岸及走近的船只。可把镜子直接放在前面或离一侧一定距离处，如前图所示。

· 游泳用的蹼足 ·

为了在游泳时使脚更加有力，常常采用蹼足装置。图中展示了实现此目标的一个简易蹼足。它由三片薄金属或木头组成，用弹簧铰链将它们在背面固定在一起，弹簧铰链打开，从而使三片薄金属或木头散开在同一表面上。中间一片应该剪切成接近脚的形状，否则，在脚向内击打时会产生很大阻力，阻止游泳者向前运动。用带子将此装置绑在脚上；一条带子横过脚趾固定，另一条用带扣调节绕过足踝。

使用此装置时，腿上击或前击时会使两翼擦过水，产生足够的阻力克服弹簧的轻微弹力，从而使两翼与击打方向平行。在向下或向后击打的过程中，水的阻力同铰链的打开倾向相作用，会把两翼很快向外散开铺平，大大增加了脚的效能。

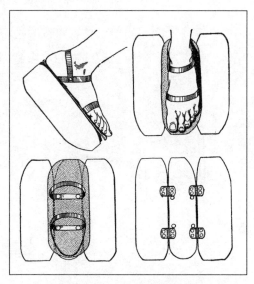

附加在脚上、作用像蹼足的装置。

·安装在折叠架上的仿制鸭·

希望能节俭地制造一些设备的猎野鸭者对图示的仿制鸭折叠架会感兴趣。它由两条软质木材制成，每条长1.07米，截面为19毫米×50毫米，中间用螺栓固定，这样就可以折叠，便于携带。仿制鸭用镀锡金属片剪切而成，并油漆成类似游戏器具一样。

猎人可以自己制作的安装在折叠架上的仿制鸭。

第五章
玩具、游戏和其他娱乐活动

令童年快乐的火车玩具

· 自制电动火车模型及轨道系统：电动机 ·

具备普通机械制造能力并且拥有必要工具的少年都可以制作本文描述的电动火车。但是，在制作任何机械部件时一定要遵循有关的说明。所需的材料并不贵，亲手制作这一玩具能得到极大的乐趣，完全值得孩子们花时间去建造它。

整个装置的制造可以分为三部分：第一是电动机，第二是携带电动机及牵引火车车厢的机车，第三是火车在其上运行的轨道系统。火车头的侧面如图1所示。

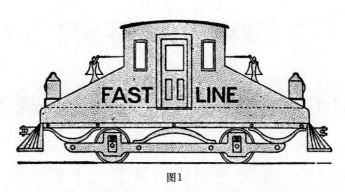

图1

设计成可以用任何一头向前运行的火车头侧视图。

电动机是串联式的，通过特殊的换向开关把它的磁场和转子电枢端钮连接到电源上。用这种方法，可以使转子反转，从而使火车能前进或后退。转子与磁场用冲压铁片构建，铆接在一起。

图2是转子及其尺寸的详细结构图。转子铁芯及换向器牢固地安装在轴上，轴是用钢杆制作，直径5.6毫米。此钢杆的一部分要刻细螺纹，配两个黄铜或铁制的小螺母。用车床将钢杆的两端加工成直径为3.2毫米，其长度也是3.2毫米。这些将配装后面制造的轴承。

从薄铁片上剪切出足够数量的圆片，直径是29毫米，它们紧紧地夹在一起时厚度为16毫米。在每一圆片的中心钻一个孔，其大小刚好使圆片能在轴上滑动。除去圆片边缘的毛刺并观察它们是否平坦。从1.6毫米弹性黄铜板上剪两片同样尺寸的圆片，每片中心钻一个孔，使它们能在轴上滑动。将这些圆片全部装在轴上，两片黄铜片置于两端，再用螺母把它们紧紧压住。必须按图2标出的尺寸把叠片铁芯置于轴上的适当位置。

圆片固定后，将轴夹在车床的夹具上，把所有圆片的边沿削掉一些，使其成为直径27毫米的平滑圆柱。轴夹在夹具上时，在一侧的黄铜片距边缘2.4毫米处画一个圆。将此圆周分成8等份，在每一分点做中心冲头标记。用4.8毫米的钻头沿铁芯长度方向钻8个通孔。若孔的中心设置正确，

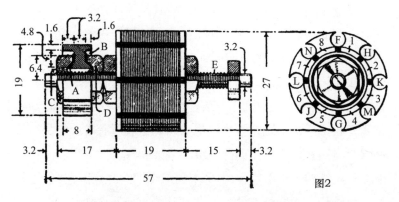

图2

转子铁芯用软铁圆片叠合而成。（单位：毫米）

外侧的所有金属削掉，就如图2右侧的端视图所示。这样就形成F、G、H等它们的间隙宽度应为1.6毫米。钻好孔后，用细锉刀把全部边沿锉平滑。

　　换向开关的截面为图2的最左边。制作方法如下：把直径22毫米、长32毫米的铜棒或黄铜棒的一头夹在车床的夹具上。把另一头加工成直径为19毫米，并在中心钻13毫米的通孔。从此端头削去一些金属形成圆盘样的凹口。

　　离加工好的这一端8毫米处切断得到一个圆盘。将此圆盘夹在夹具上，没有加工的一端露出来，切削金属成图中B所示的碟状。切出一些小狭缝，用于把线圈的引线头焊在其中，如图2右图内的1、2、3等所示。取两个厚度约6.4毫米的黄铜螺母，把它们的外圈削小，使其与图中所示的C和D形状对应。通过中心画线，将刚刚做好的圆盘分成8等份。在圆盘边缘这些点切出8条狭缝。这些切缝贯通边缘。每一条缝用云母片填充绝缘。

　　把一个螺母装到轴上，然后放云母绝缘垫圈，如图中A与B附近的粗实线所示；再放圆盘环，第二片云母垫圈，最后放螺母C。后者应拧紧，使圆盘狭缝内的绝缘在转子铁芯中钻的狭缝的对面，如图2中的右图所示。圆盘环固定后，要进行测试，看其是否与轴绝缘。用电池与电铃串联，电路的一端与圆盘环连接，另一端与轴连接进行测试。连接后若电铃响起，则圆盘环与轴不绝缘。圆盘环必须用新的云母绝缘垫圈重新安装。采用云母绝缘是因为它比大多数其他绝缘材料能承受更高的温度。碟状圆盘的8个分段均要互相绝缘。要做测试，看看换向器相邻的各段是否互相绝缘，与轴是否也绝缘。若测试表明有一段与另一段或与轴不绝缘，换向器必须拆开进行重装，消除缺陷。

现在开始绕转子。取直径0.4毫米的绝缘铜线57克。在E处用几圈薄绝缘布将轴绝缘。用同样方法将夹住铁芯的螺母及夹住换向器的内螺母绝缘。剪几条绝缘布，宽度足以覆盖铁芯中的狭缝壁，长度至少能延伸到铁芯两端以外1.6毫米。这样把狭缝F和G绝缘后，沿铁芯长度方向绕绝缘铜线15圈。绕铜线的方法如下，把铜线穿过狭缝F向后，横过铁芯背后，再向前穿过狭缝G到铁芯前面，然后向后穿过F，如此重复。在线圈的每一端要留约50毫米的线头。

横过转子的端头时，每一个线圈的所有匝数置于轴的一侧，在从换向器一端看转子时第一个线圈的左侧通过。绕在同一槽中的第二个线圈就在右侧通过，第三个线圈又在左侧通过，依次类推。每一线圈完成后，进行测试，看其与转子铁芯是否有连接。若发现有连接，则该线圈必须重新绕制。若绝缘良好，可以在同样的狭缝F和G内绕第二个线圈，匝数不变。再将狭缝H和J绝缘，在其中绕两个线圈，每一线圈15匝，绕法和测试与在狭缝F和G内的两个线圈一样。第五个和第六个线圈绕在狭缝K和L内。第七个和第八个线圈绕在狭缝M和N内。

图3详细说明了半线圈、狭缝与换向器各段的安排。为了简明起见，每一线圈在图中简略成一匝。检查这个线路图可以发现，线圈2的外端与线圈4的内端在代表换向器分段的图的下排，分段1处连接。线圈4的外端与线圈6的内端在分段2处连接；线圈6的外端与线圈8的内端在

分段3处连接；线圈8的外端与线圈1的内端在分段4处连接；线圈1的外端与线圈3的内端在分段5处连接；线圈3的外端与线圈5的内端在分段6处连接；线圈5的外端与线圈7的内端在分段7处连接；线圈7的

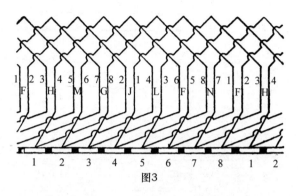

图3

转子线圈绕组及它们与换向器连接的接线图。

外端与线圈2的内端在分段8处连接；线圈2的外端连接到分段1，从而完成了电路。

在铁芯上绕线圈时，为了使线端的连接简化，它们的端头应该与其连接的换向器分段接近。所有的线圈绕好并测试后，它们的端头可以如图那样连接。然后把它们焊在换向器分段端头内的狭缝中。给加工好的线圈涂一层虫胶清漆。

磁场冲压片的尺寸及形状见图4。从薄铁板上剪切出一定数量，夹在一起的厚度为16毫米。容纳转子的开孔尺寸应比图中给出的稍微小一点，因为冲压片固定在一起后，必须修正。用一片冲压片做样板，在每一片上钻7个小孔，标记为O、P、Q、R、S、T及U。用小铆钉把它们固定在一起，并将用于转子的开孔修正到直径为29毫米。钻5个直径为3.2毫米的孔，标记为V、W、X、Y和Z，它们用于安装用作转子轴承、电刷支架和电动机基座的各部件。

从薄绝缘纤维板剪两个矩形垫片，外尺寸为29毫米和32毫米，内孔尺寸为13毫米和16毫米。把这些垫片剪开，将它们套到标记ZZ区域的位置。在打算形成场铁芯的这一部分缠两圈绝缘布，并将此空间绕满18号漆包铜线。给完成的线圈涂一层虫胶清漆。此线圈的两端从钻在一个纤

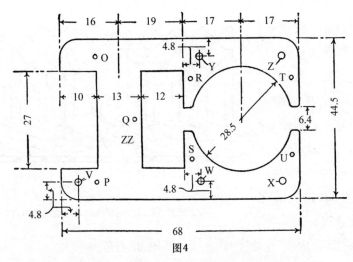

图4

磁场冲压片详图，用一定数量的铁片形成需要的厚度。（单位：毫米）

维垫片中的孔引出，一个孔靠近铁芯，另一个在外边缘附近。把场线包的两端头放在ZZ部分的下端比放在上端好。

现在从1.6毫米厚的黄铜板上剪两块如图5那样的部件。把它们放在叠压的场结构（图4）的相对两侧，小心地标出图4中指示的孔V、W、X、Y和Z的位置，并在标记处钻3.2毫米的孔。设计并钻3.2毫米的孔A、B、C和D（图5）。沿虚线E把部件的上部分向下弯，成直角，然后沿虚线F将水平部分的一头再向下弯至它们与部件的主垂直部分平行。这两部件折弯后，一个形成左支撑，另一个形成右支撑，如图6所示。

把凸出部分G和H折弯，与主垂直部分成直角。底下的部分也折弯，一件沿虚线J向后弯并沿虚线K向前弯；另一件在虚线L向前弯并沿虚线M向后弯。然后把两件安装在磁场构件的侧面，如图6所示；用5个小螺栓将这些支撑固定到位。图5中的槽N和O用于在机车的轴上安装电动机。机车建造后才剪切出这两条槽。

电刷支架由两个六角黄铜件制成，每一件长25毫米，在一端钻3.2毫

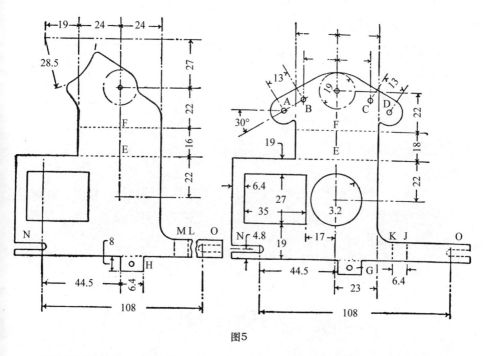

图5

场结构支撑详图，一个用于左侧，另一个用于右侧，支撑的位置见图6。（单位：毫米）

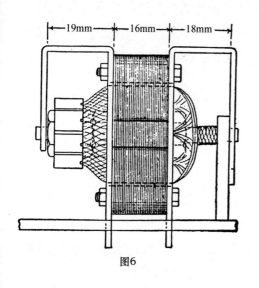

图6

米的孔，深达22毫米；另一端是小机器螺钉用的螺纹孔，如图7所示。这些部件每一个的一侧钻两个孔并攻螺纹。这些电刷支架用螺钉通过孔A、B、C和D（图5）安装。每个支架必须与其支撑绝缘。支架与其支撑的距离应该使得其端头中的开口在换向器的中心。用非常细的铜丝网卷成杆可制得电刷。其长度要足够，当它们靠在换向器上时，能延伸进支架内约13毫米。在支架上电刷端头的后面放置螺旋弹簧，使电刷保持与换向器的接触。

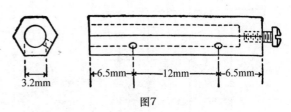

图7

电刷支架详图，长25毫米，几个孔如图所示。

临时连接后用6伏电池测试电动机。电动机的结构可以修改，如轴的长度和其他一些小的细节，也可将它与皮带轮、副轴或其他传动装置配合用于其他目的。

· 机车和驾驶室 ·

作为电动火车装置的第二部分，火车机车和驾驶室要能成功运行、结构可行而且工艺合理。本文中建议使用的材料是完全满足要求的，但只要小心选择，也可采用替代材料。图1和图2是做好的火车头外观视图。为清晰起见，突出在驾驶室下与其连接的电动机及驱动装置没有显示出来。

除了电动机外，火车头主要由两部分组成：机车和驾驶室。首先考虑机车的建造，电动机配装在其中。开始做驾驶室前，机械和运转功能都要已经具备了，驾驶室仅仅是一个用螺钉固定到位的罩子，安放到驾驶室的木头基座上。

开始制作图3所示的轮子。用直径为3.2毫米的圆钢棒做轴，长度为81毫米。

用9.5毫米厚的黄铜板做4个轮子。在其中两个轮子中心钻3.2毫米的

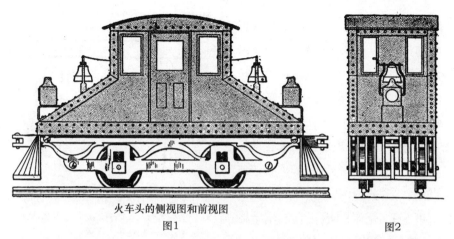

火车头的侧视图和前视图
图1

图2

驾驶室的结构仅是推荐性的，有创造性的制作者可以根据能得到的材料或个人爱好自行设计。

孔，使它们可以压入略有锥度的轴端头。在其他两个轮子中心钻6.4毫米的孔，并在它们的内表面上焊一个套筒A（图3）。用两个纤维轴套B配装在轮子的6.4毫米孔内，并紧紧地固定在轴端。这使机车一侧的轮子与另一侧的轮子绝缘。若形成轨道的导轨互相绝缘，供给电动机的电流可以通过一条导轨到两个绝缘的轮子，然后到压在黄铜套筒A上的电刷，再经过电动机线包，经换向开关到另一组轮子，然后在另一导轨上返回电源，如图12所示。

机车的轮子必须紧装在轴上，因为除了摩擦力外没有其他手段能把它们固定就位。若轴端稍有锥度，就可使轮子压入并牢固定位。在机车最后装配前不要将轮子压入。

下面构建机车框架，其细

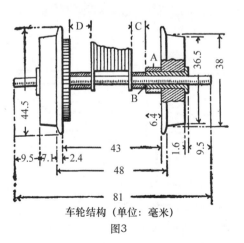

车轮结构（单位：毫米）
图3

节示于图4及图5。制作两片用于侧面的黄铜件，厚1.6毫米、长248毫米、宽41毫米。为了减轻重量，按图5所示把部分地方去掉。这具有板弹簧的样子。

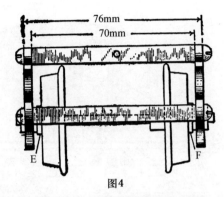

图4

剪切出两个矩形孔用来容纳轴承。它们的尺寸必须精确，各边成直角。在每一开孔上边缘的中间有宽度为1.6毫米的槽，它们用于固定螺旋弹簧的上端。螺旋弹簧安放

制作火车头的首要考虑因素是要能成功运转，结构可行及工艺合理，尺寸要精确，保证各部分装配能令人满意。

在轴承中切出的孔内，如图7的G处。图6显示了装配好的情况。

然后在每一侧面黄铜件上钻4个3.2毫米的孔，位置是图5标出的H1至H4。用4根6.4毫米的方形黄铜杆做横向支撑，把两端加工成正方形，长度为70毫米。在杆两端的中心钻孔并加工出适配3.2毫米机器螺钉的螺纹。把侧面部件和横杆如图4所示那样连接。在每一轴的E和F处放厚约1.6毫米的纤维垫片，使轮子不接触侧面部件。

图7是轴承的详图。孔G容纳螺旋弹簧的下端，孔J是轴的轴承座。准

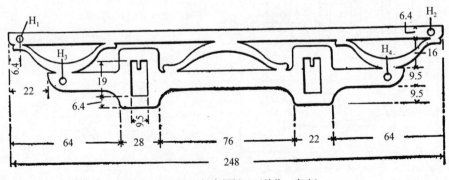

图5 机车侧板。（单位：毫米）

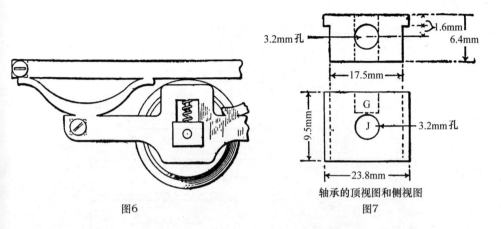

3.2mm孔

1.6mm
6.4mm

17.5mm

9.5mm

G
J

3.2mm孔

23.8mm

轴承的顶视图和侧视图
图7

图6

备4个螺旋弹簧，弹簧外径是3.2毫米，展开长度是13毫米。轴承侧面的延伸部分刚好靠在机车侧面的内面。它们使轴承就位并防止其掉下去。

驾驶室基座是用木头做的，尺寸如图8所示。基座的中间挖空，给出电动机安装空间，如图9所示，电动机的顶部将在机车上边缘之上。用4个螺钉穿过机车两端处的上横杆把基座固定到位。基座制造并临时安装好后，可以试用，以观察电动机及其配件与基座相互间的位置。为了方便组装机车部件和固定电动机，基座要很容易取下来。

组装机车（包括电动机）前要求极其精心地制造火车头的每一部

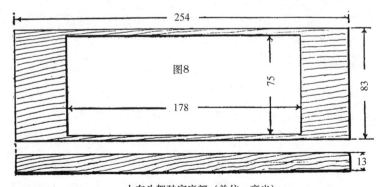

254

图8

75

83

178

13

火车头驾驶室底部（单位：毫米）

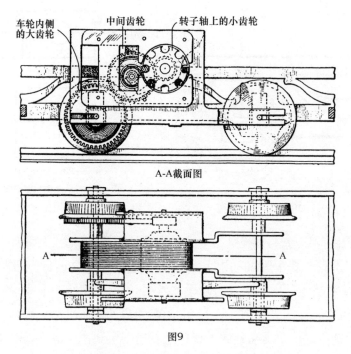

A-A截面图

图9

电动机的安装，显示了驱动齿轮及开关接触弹簧。

件。要非常小心，因为已经仔细制定了尺寸，不遵循这些尺寸可能会产生足以使火车头无法使用的误差。组装前，最好是仔细研究各部件的关系（见图9）。图9中上面的视图是各啮合驱动齿轮间的关系，下面的视图是从上往下看时机车的机械构造。

　　通过将转子轴上的小齿轮与一个中间齿轮啮合，中间齿轮又与固定在一个机车车轮内侧的大齿轮啮合，这样就把电动机的动力传送到一组车轮上。当转子轴和动力轮轴均在电动机框架中的狭槽内时，两轴的中心距离为33毫米（图9）。先做传动齿轮。转子轴上的齿轮要在可实行的条件下尽可能的小，轮轴上的齿轮要在可实行的条件下尽可能的大。中间齿轮的大小要与转子轴上的小齿轮和轮轴上的大齿轮之间的空间适配。合适的传动齿轮可以在钟表商店买到。若不能获得尺寸刚好合适的齿轮，可以调节中间齿轮的位置，使各齿轮能正确啮合。

在转子端头安装小齿轮时，要使其离换向器有一定距离，以便在外表面与轴端处的轴肩之间有约1.6毫米的空隙。紧紧地安装上小齿轮，不需要其他固定手段。在一个机车轮子的内表面上安装大齿轮，见图3及图9。将机车的轮轴放入电动机框架内适当的槽中，当中间齿轮与其他齿轮啮合时，标出中间齿轮中心位置。在电动机框架上钻一个孔，配装一个小螺栓，中间齿轮就用此小螺栓固定。

在齿轮与安装有齿轮的部件之间放垫片，在螺栓有螺纹的一头放锁紧螺母，把它拧紧使齿轮正常运转。

现在可以把配装自由轮轴的电动机框架中的狭缝剪切，如图9所示。将电动机置于轮轴上，使各齿轮全都正确啮合。在图3的C和D处（也参见图9）配装外径是9.5毫米的绝缘材料管子。绝缘管也要放在第二个轮轴上，以便电动机的定位，并使车轮保持一致。在安装各个不同部件时，要能充分运转防止摩擦过大。

安装在电动机框架底面的换向开关如图10和图11所示。它配备一个从机车框架下面凸出的控制杆。控制杆的细小移动将会使连接产生必需的改变。从图12的线路图很容易了解开关的工作情况。开关的移动部件带有两个铜片

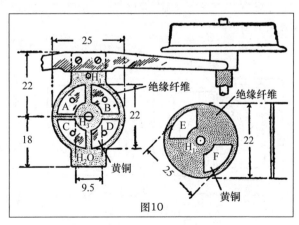

图10

换向开关详图，阴影部分是纤维绝缘材料。（单位：毫米）

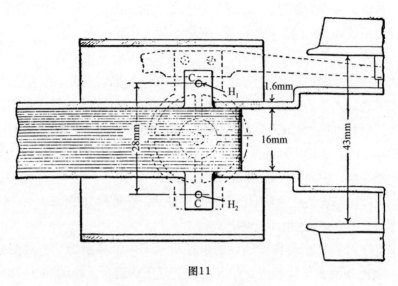

图11

电动机底面视图，说明开关的安装位置。

E和F，带有E和F的控制杆移动到其中心位置任一侧时，它们连接4个固定铜片A、B、C和D。图12中，移动的铜片E和F显示在固定铜片的外侧，这仅仅是为了画出线路图，实际上它们直接就在固定铜片形成的圆环上方。

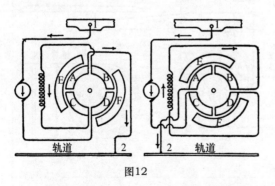

图12

电动机换向接线图，转换开关在固定于纤维开关基片上的一对黄铜片之间形成接触。

开关的工作方式如下：假定电流在标为1的端钮进入，从标为2的端钮离开，则转子和串联磁场线包的电流方向如图中所示。在两种情况下，串联磁场线包中的电流方向是不同的，这就使转子转动方向不同。

　　开关座用1.6毫米厚的纤维绝缘板制成，图10标出了它的尺寸。它被安装在电动机框架底面上向外凸出的两片上（见图11）。在每一凸出片上钻一个小孔（标记为H_1和H_2），并给小孔加工螺纹以便安装小机器螺钉。然后在绝缘片上钻两个孔H_1和H_2（图10），两孔距离与钻在凸出片上的两个小孔距离一样。此绝缘片的一端延伸部分用于安装黄铜弹簧薄片，弹簧片的端头压在与轮轴绝缘的黄铜套管上（见图9和图10）。这个弹簧的形状及其安装方法如图10所示。

　　与换向开关接触的各部分制作方法如下：在纤维基片上用沉头铆钉安装4片薄铜片或黄铜片，中心钻一个孔H_3。另剪出直径为25毫米的一个绝缘圆盘，在其中心钻一个类似的孔H_1。在此圆盘的底面安装两片铜片或黄铜片。6片金属的边缘及端头均应倒圆角，使E和F金属片能自由地在基片的金属片上面移动。圆盘（换向开关的上部）可以用穿过中心孔的小螺栓固定在基座上。在圆盘与这一螺栓的下端之间放小螺旋弹簧，以便使圆盘上的金属片与基片上的金属片保持接触。在圆盘上装一个小手柄，使它在机车一侧伸展出去。用穿过电动机框架上的孔H_1和H_2（图11）把换向开关配装到位。应按图12完成电气连接。

　　图13是车钩的详图。它们用与上横杆适配的黄铜制作，用机器螺钉与上横杆固定。可以为火车头两端制作"排障器"。把金属薄片弄成波浪状并弯成合适的形状，这将是制造排障器的最简易方法。图1中所示的那些排障器是焊在一起的金属条制作，也焊在上横梁上；用底部的金属横条加固它们。

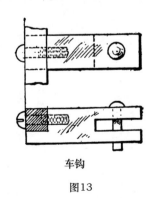

车钩

图13

　　除了机车外，还要制造驾驶室，与基座适配，如图1及图2所示。用4个螺钉固定到位，并能方便移去以检查火车头的机械装置。图14及图15说明了驾驶室的尺寸，制造者可以修改。

建造时可以采用金属薄片或木材，连接处在内面焊接或铆接，见图中所示。门与窗的开孔可以剪切出来，或在其上用油漆画出。驾驶室两头挂小铃铛，使其外观更好看。图1和图2中的前灯可以用木头加工出来或用金属薄片制作。可以安装灯泡，灯泡电压要与动力电源一致。前灯灯座的末端应与机车框架和压在车轮的黄铜套管上的弹簧连接，它们都要与轮轴是绝缘的（见图3的A处）。

这样就完成了火车头的所有重要部件，可以放在轨道上试验了。

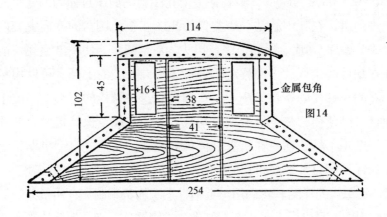

图14

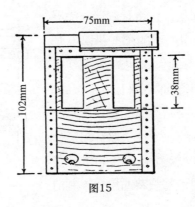

图15

· 轨道系统 ·

前述电动火车模型的运转只有在建造合适的轨道系统上才可行。本节描述包括弯道和开关在内的轨道设施的制作方法。轨道系统的功能有两个：一是作为火车头的支撑及导向，二是提供电流从电源供给火车头内的电动机并返回电源的通路。据此，建造工作可以分为两部分：机械部分和电气部分。若机械结构不精确实用，火车就运行不好。电气连接也必须给予应有的关注。

轨道的规格应统一；连接处应该牢固而且平整，不平整会导致火车通过时颠簸。所用材料要坚硬，能保持形状不变，最好不生锈。两条铁轨必须互相绝缘，并使各个部分之间有恰当的电气连接。下面将详细说明轨道直线与曲线部分的建造，以及系统上不同地方可以应用的开关和信号。

轨道直线部分的长度可以是任何合适的长度。一段400毫米长是比较适宜的，因为制作导轨的金属件较短时容易弯曲变形。在给定区域内，各段比较短时，就可能有各种直段与弯段的组合。导轨可以用镀锡金属带材制作，取400毫米长、38毫米宽的一段，将其弯成图1所示的形状。导轨要用小钉子（最好是小螺钉）安装在小枕木上，枕木尺寸是13毫米×13毫米×100毫米。导轨之间的距离为50毫米。轨道各部分可以用图2所示的专用连接器接合在一起，专用连接器用薄金属片（最好是弹簧黄铜）制成。图2所示的这种连接器不能防止各段被拉开。为了防止被拉开，应制作图3所示的第二种连接器。每一段两端的枕木要有一侧加工成图示的斜面，轨道边沿离导轨端头应准确地为25毫米。做一个图示的弹簧夹子，它向下套在端头枕木的内侧，把两段保持在一起。

图3及图4是较好的导轨形式，但制作有些难度。在这种情况下，不是把金属片折弯并完全闭合而形成导轨，而是把金属在圆形物体（如一段电

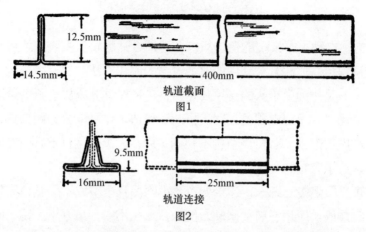

轨道截面

图1

轨道连接

图2

用38mm宽，400mm长的金属板条做成图1所示的轨道形状。图2是轨道连接的方法。

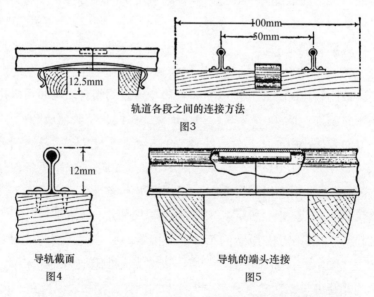

轨道各段之间的连接方法

图3

导轨截面

图4

导轨的端头连接

图5

轨道各段连接用的弹簧夹子如图3所示，改进的导轨形式以及相应的连接轨道各段的方法如图4、图5所示。

线）上折弯。圆形物体可以取出，留下上部分形成从一端到另一端贯通的导轨。这不仅形成了较好的导轨与火车轮子的接触面，同时使得导轨端头很容易连接，如图5所示。取几根小金属针，长约25毫米，直径则要刚好能配装到导轨上面的圆孔内。在连接处的一根导轨内固定一根这样的金属针，导轨内的金属针不要多于一根，在所有各段均做此安排。仔细地做，各段就能很好地配装在一起，如图3所示。

弯道部分可以用类似上述的方法制作，但在将它们折弯为弧形时会有一些困难，因为必须把边上的下翼缘折弯。在下翼缘的内边形成褶皱并将外边放在平滑表面用锤敲击使其延展，就可以克服这一困难。为了使弧形段的长度合适，弯曲又不过分大，内导轨折弯的弧半径为535毫米。这样一个圆的周长约为3360毫米，分成8段，每段是420毫米，这就是每段内导轨的长度。由于轨道的导轨距是50毫米，外导轨的弧半径将是585毫米。外导轨形成的圆周长是3680毫米，分成8段，每段是460毫米，这就是每段外导轨的长度。将它们的端头安放在确定的位置，用固定直线段的方法把各弧线段固定在一起。

在使弧线导轨正确成型时会遇到一些麻烦。把它们从整个圆上划分出来是一个好方法。在平滑表面上画两个直径分别为1070毫米及1170毫米的圆，将它们分成8等份。在这些

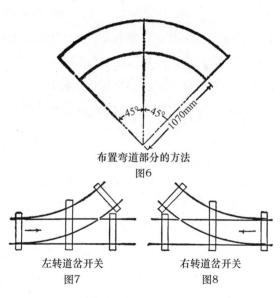

布置弯道部分的方法
图6

左转道岔开关　　　右转道岔开关
图7　　　　　图8

道岔开关和弯道曲线的布置。

分度线之间的圆弧形状和弧长就与形成轨道弧线段的导轨形状和长度对应。切割的各段应比要求的长度稍稍长一些，把它们折弯成型后，可以精确地决定其长度，将多余部分切割掉。每一弧段与整个圆的1/8（或45度）对应，见图6。

轨道用的道岔开关有两类：左转或右转。左转道岔开关示于图7，右转道岔开关示于图8，前进的方向用箭头表示。

右转道岔开关的详图示于图9。导轨A的形状及长度与前面描述的一曲线段的外导轨对应。导轨B 则与一曲线段的内导轨对应，此外在左端加64毫米的直导轨。导轨C是长度为458毫米导轨的直线部分，在道岔开关处割掉一部分基座。导轨D是一段长度为394毫米的直导轨，它与导轨A交叉处的基座要割掉。导轨D和A的端头在E和F处用铰链连接，E和F距左端95毫米，用插入的金属针连接。把导轨A的G部分和导轨D的H部分的外边沿锉掉，使它们刚好分别靠在导轨C和B上。在G和H部分的左端贴上一条纤维绝缘材料I，这样，当H靠在导轨B上时，G就离开导轨C约4.8毫米。当G的一端被拉靠在轨道C时，H就离开导轨约4.8毫米。用这两个组合，火车就可以沿主轨道前进，或向右进入弧形轨道。用两根长枕木J与K安装开关控制杆及信号装置。

导轨A在与导轨D交叉的地方是不连续的，而是如图示的那样断开的。在与导轨A交叉的导轨D外表面上应切割小缺口，当机车到达或离开道岔开关时，机车轮子的轮缘可以滚过。导轨A和D两段必须有电气连接。导轨A必须与导轨C连接，导轨B必须与导轨D连接。

从图9的L处可明显看到，当机车在道岔开关上时，机车轮子在L上通过，导轨D将与导轨A连接，就会产生短路。为了避免这种情况，把导轨D在此处的一小段与导轨的其余部分绝缘，但绝缘段的长度不能大于机车一侧轮子间的距离。否则，连接电动机的电路将会断开。当两个轮子均在绝缘段上时就会使机车停在主轨道上，火车头就不可能启动，

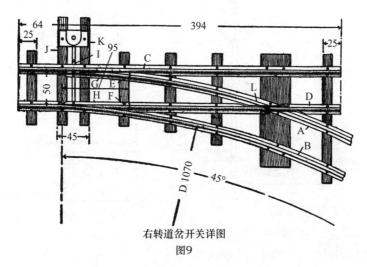

右转道岔开关详图
图9

轨道交叉处必须精确配合，可动部分G和H要形成正确接触。（单位：毫米）

除非有一个轮子移动到导轨的导电部分。

　　道岔开关的控制示于图10，图中的字母C、G和I与图9中的字母对应。把长约100毫米、直径3.2毫米的杆弯成M所示的形状。把它安装在图11所示的框架上。杆在开关框架中就位后，一个装有铰链手把O的小臂N焊在杆上。臂N与控制杆P应该互相平行。若制造正确，手把O将置于开关框架顶部的缺口内，防止杆M转动。从控制杆P到I件的末端应建立连接，当杆M转动四分之一圈时，I就打开开关。这种连接建立后，开关框架应固定在长枕木端头，在建造轨道部分时就要为固定开关留好长枕木。两个互成直角安装的小圆盘适当油漆后用作信号装置，或者作为道岔开关打开或闭合的指示。机车在轨道上的速度用串联在电池（或电源）上的电阻控制，或用改变导轨之间的电压值控制（改变形成电源的单元电池连接方式）。火车头的运动方向不能改变，除非机车掉头，或

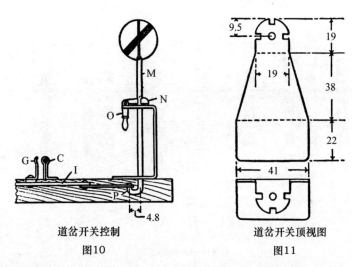

道岔开关控制
图10

道岔开关顶视图
图11

小圆盘的信号提示道岔开关的打开或闭合状态，它用道岔开关控制杆调整。（单位：毫米）

者，转子或磁场线包的连接反转（不是两者同时反转）。火车头底部的开关可用于将这些连接反转。可以用下述方法制作一个小变阻器，其电阻是我们所需要的：取一块厚度是9.5毫米、100毫米×125毫米的硬木。在其上画一个如图12所示的圆弧，有一排小圆圈。取8个黄铜圆头螺钉（每个长19毫米、直径3.2毫米）及16个适配螺母。沿弧线钻8个3.2毫米的孔，两孔相距9.5毫米。把这些孔中的螺钉头锉光滑。做一个金属臂S，把它安装在一个小螺栓上，该小螺栓穿过钻在画弧线的圆心处的孔中。臂S

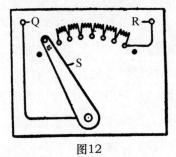

图12

的长度使其外端能在螺钉头上移动。接线柱Q与固定臂S的螺栓连接，接线柱R与图中最右侧的螺钉头连接。从第二个螺钉开始在螺钉之间连接小电阻线圈，第一个螺钉对应臂S的开路状态。两个限位柱（用图中的黑点表示）用来防止臂S移动到第一个螺钉的后面，或越过第八个螺钉。现在可以将木板安装在合适的中空基座上，变阻器就完成了。

　　两个接线柱要安装在一段轨道的枕木上，其中一个接线柱与两导轨均有电气连接，这就使与电源的必要连接很容易。仔细检查并确定火车头运行正常后，就可以进行试运行。若火车头自己工作时没有问题，而放在轨道上时遇到困难的话，彻底检查所有的导轨连接、绝缘、及电气设备中的其他部件。可以把规格正确的车厢与火车头连接，运行长度由轨道系统决定。

陀螺、拼图和游戏

· 奥地利陀螺 ·

这种陀螺的所有零件均是木制的，制作非常简单。把手部分是一段133毫米长、32毫米宽、19毫米厚的松木。在一头形成直径19毫米的把手，另一头做成32毫米的矩形木块。在这一头为陀螺钻19毫米的

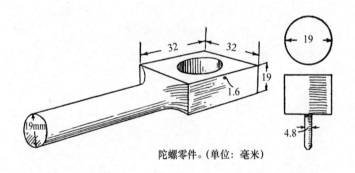

陀螺零件。(单位：毫米)

孔。如图所示，在边沿上钻一个1.6毫米的小孔穿入大孔内。陀螺可以用扫帚把或硬木圆棍制造。

为使陀螺跳跃，把长约0.6米的结实绳子的一头穿过1.6毫米小孔，绕在陀螺的细小部分，从底部开始向上绕。轴上绕满后把陀螺放入19毫米的孔内。左手握住把手，右手握住绳子的一头，很快地拉绳子，陀螺就会从手把中跳出，有力地旋转。

· 简易陀螺 ·

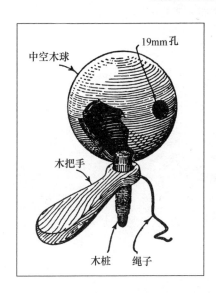

业余木工能很容易制造一个在地板上跳跃并能叫出声音的木陀螺。此陀螺由中空的两片式木球组成。在一个中心标记处穿过球壳钻一个孔，配装一根硬木木桩，木桩的一端稍稍有些圆（如图）。在木桩的右角钻一个19毫米的孔。为了旋转此陀螺，需要图示的一个木把手。在木桩上绕陀螺用绳，绳的一头如图那样穿过手把中的孔。快速地猛拉绳子使陀螺转动并脱离把手。

· 圆环和木桩拼图 ·

给一段木板配10个短木桩。在8个小木圆片的中心钻孔，孔的大小要适宜，使木桩很容易进入；4个圆片是白色的，另外4个用深色木料制成或漆成黑色。带木桩的板及圆片做好后，将圆片放在前8个木桩上，白圆片与黑圆片交替放置。最后2个是空的。拼图的目的是将4个白的和4个黑的圆片成组放在一起，中间不留空的木桩，只能在任何一头留2个空木桩。一次必须移动2个圆片，移动4次完成重新排列。

上图是拼图开始时圆片的排列情况，中间是最后圆片应该有的排列。此拼图的解法如下：把圆片B和C移动到空木桩I和J上；E和F移动到B和C；H和I移动到E和F；A和B移动到H和I。这就完成了必要的移动，通过反方向的移动能将圆片恢复到它们的起始位置。

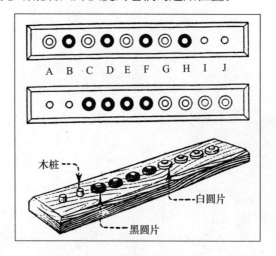

· 魔方拼图 ·

　　取6个木方块，在它们的6个面上分别标上数字1-6，每一方块数字标示的次序是不一样的，如图1和图2所示。

　　将6个方块以任何形状（最好是以直线）排列时（图3），使数字1、2、3、4、5和6分别在上面、底部、前面、后面、右手面和左手面同时出现。它们不必是连续的，但6个数字必须在每一面显示一次。稍稍把方块分开将显示右手面和左手面。排列正确时，方块可以

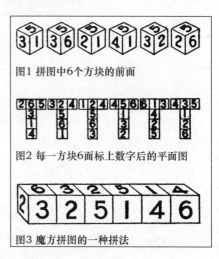

图1 拼图中6个方块的前面

图2 每一方块6面上标上数字后的平面图

图3 魔方拼图的一种拼法

在一直线上调换位置成百上千次，每次都能满足上述条件。

· 樟脑丸之谜 ·

药店老板对一种新颖的橱窗布置十分不解。在橱窗中约250毫米长、直径25毫米的玻璃管内有一个小白球，它会沉到底部，然后慢慢上升，接着又像以前那样沉下去。一个标牌上写着"是什么使其上下运动？"，吸引了众人的围观和猜测。管子是充水而透明的，构造非常简单，管子里有约四分之三的碳酸苏打水。白球就是普通的樟脑球。樟脑球下沉，当它下沉时逐渐浸泡吸水，依附其上的气泡将它带到溶液的顶部。然后气泡破裂，消除了球的浮力，使其再次下沉。这一过程会一再重复。

· 木密钥和木环的组合智力玩具 ·

本文说明了一个使很多专业的机械师都相当困惑的智力玩具。这个玩具的奥秘在于如何将两个木块放在一起。小木块（或称密钥）可以非常紧地滑入大木块的孔内，它不能用任何切削工艺配装。外框架（或环）要用优良直纹软木制作，密钥则用硬木制作，两者的厚度基本相同。两木块的表面应该刨平滑。任一木块中没有任何接头，都是用整块木块制成。

制造这个智力玩具的方法如下：将两个木块的外形修好，在密钥的侧面刻槽，使图中的尺寸A稍小于尺寸B。用卡尺测量此较小截面的对角线，给出尺寸C。在大木块的中间切割出宽度为E的矩形孔，E比上述的对角线的尺寸C稍大一些，矩形的长度大于小木块的宽度D。在矩形孔的侧面可刻一些槽。这些槽与做好这个智力玩具没有任何关系，不过它们会使受骗者在猜测其解决方法时误入歧途。按照上述思路制作矩形孔，就能把小木块用力插入其中，转动它的侧面，把小木块如图中那样放置。

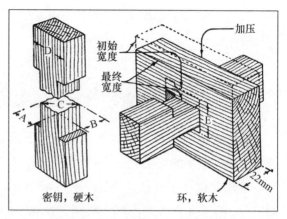

任何少年用两个木块都能制作的这一智力玩具，不仅使外行，而且使内行的机械师都会感到困惑。

现在把环状木块用蒸汽蒸或在水中煮沸1小时。然后夹在台虎钳上，把密钥装配在其中，并将虎钳尽可能拧紧。当木头受压有一点塌陷时，把虎钳再夹紧一点，如此反复，直至环状木块压缩到紧紧压住密钥的两侧。然后把这个智力玩具留在虎钳上，第二天干后才取下来。可以用两个结实的硬夹具代替虎钳。

图中的各种木制动物均锁定在木框架中，或"落入陷阱内"，其制造原理与简单的智力玩具一样。中间的比较复杂一点，但也是没有用任何接头制成的。

在你的朋友不明白这两个木块怎么能以这种形式装配在一起时，只要把它重新放在沸水中20分钟左右，当环状木块膨胀到原来的尺寸时，密钥就很容易取出来。

照片中是这种智力玩具的许多变种。它们的原理与简单的密钥和环是相同的。这样的组合成了工匠铺或家里令人好奇的装饰品。

· 永动机之谜 ·

现在已十分清楚永动机的谬误，以致为得到永动机而提出的新方案仅仅是因为其有启示意义而被认可。示意图中描述的装置表面上看是成功的，发现其中的错误既很有趣又有启发性。

在木基座上安放一个马蹄磁铁，对着磁铁的N极和S极在基座上沿三角形的三边挖一条连续的槽。在立柱的万向节上悬挂一根窄长磁棒。一根大头针从下端（磁棒的北极）伸出到槽中，只能沿三角路径运动。

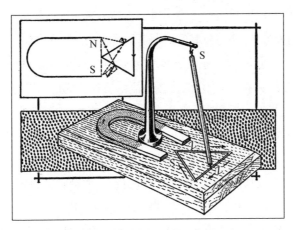

磁极间的相互作用使悬挂磁棒绕三角形运动。

悬挂磁铁在图示位置时启动该装置。下端将趋向于沿箭头方向运动，这样运动时，它被马蹄磁铁北极排斥而离其愈远，被南极吸引而离其愈近，此作用将悬挂磁铁带至三角形一边的角点。然后如箭头所示沿边向上运动，它离南极比北极更近。达到其行程终点（三角形在磁铁南北极中间的角点）时，吸引力与排斥力平衡，但稍微的摇动将会使它越过角点。

在三角形的第三条边上，北极排斥运动磁棒。根据这一说法，运动会无限继续下去，但实验证明情况并非如此。

三角形的角点稍微弄圆一点，最好用几个悬挂磁铁，灵活连接，当一个处在中心死点时，其他的仍继续运动。

· 如何制作镶嵌棋盘 ·

在图示的棋盘中，每一个方块本身是一个微型棋盘，由64个小方块组成，这些小方块的颜色有深有浅。

制作深色方块，需要乌木和红木各16条，每条5毫米×13毫米×430毫米。制作浅色方块，需要同样数量同等尺寸的枫木和橡木。所需全部木条共计64条。不同种的木条交替放置，8条胶粘在一起做成40毫米宽的叠层片。在胶合好并把两面用砂纸磨光后，将其横切成5毫米的一段段，用图示的胶合夹具把这样的8段胶合在一起形成方板。再把它在斜切框中切成5毫米的一段段。各条胶粘在一起，使浅色方块在深色方块旁边，红木和乌木用作"黑"方块，橡木和枫木用作"白"方块。

所有的胶合操作应该在温暖的房内进行，木料也应是预先加热的。木胶合夹具要做得足够长，能一次容纳约8个方块，每一个用一条纸与其他的分开。用石蜡摩擦夹具的边缘，防止粘上胶，各木块很容易被取下。

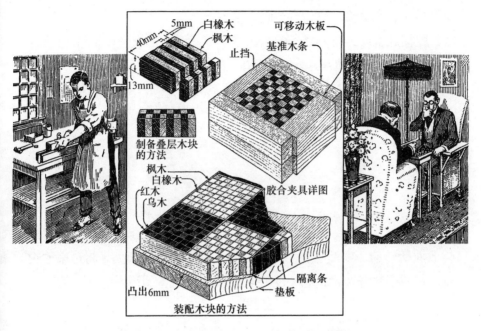

用浅色和深色木料制作的镶嵌棋盘，其中的方块本身就是微型棋盘。

用厚13毫米、368毫米正方形松木板做垫板。在两边沿附近钉（并用胶粘上）两条2毫米×13毫米的红橡木，形成直角。再制备7条2毫米×13毫米×318毫米的红橡木和56条2毫米×13毫米×38毫米的红橡木作为隔离条。在垫板的面上涂胶，在左边沿处由两个木条形成的角上（应是左下角）放一个深色方块，这个方块的角上应是一个乌木小方块，纹理的走向与垫板的左边沿平行。

把一根短隔离条胶粘在这个方块的上边沿，然后放上浅色块，其纹理与深色块的成直角，浅色枫木小方块在左下角。当一排8个小方块靠在左边的松木条时，把一根长隔离条胶粘在该排内边沿上，再开始堆放下一排。所有方块装配好后，用木条把两个开放侧边围起来（暂不胶粘），紧紧夹住它们直至胶固结为止。

胶彻底干后，将隔离条的端头修平整，绕余下的两侧胶粘2毫米的木条。把垫板的边沿切掉，留6毫米的凸出部分，将表面擦干净并用砂纸打磨平滑，给其打蜡。或者在要求更高光泽度时，用浅色粘贴填料填补后，刷三遍清漆。

· 走钢丝玩具 ·

孩子们能很容易制作一个大胆的走钢丝表演者玩具。只要电动机运转或曲柄转动，表演者就不断地来回走动，完全不顾失足将带来的灾难。在两个25毫米×25毫米的立柱上架钢丝，立柱用牵引绳保持直立，

这个有趣的玩具用于橱窗展示，颇具广告效应。

或固定在基板上。立柱上有叉状顶部（A和B）及滑轮（C和D）。钢丝F固定在叉上的E处，黑色线G在滑轮上运转。滑架I用长度为300毫米的硬钢丝做成，在L处加重物，以便与张紧的钢丝平衡。表演者K用硬纸剪成，使它能在滑架的直立钢丝J上转动，并用线H绷紧。这样，表演者总是被向前拉，到每一行程的末尾在支撑J上转动。通过双滑轮D传送使线转动的动力，来自手动曲柄或电动机M。

· 玩具车辆用的汽车喇叭 ·

可以用罐子制作图示的汽车喇叭，在儿童四轮车上使用。该装置由在罐中被几个金属棘爪卡住的棘轮组成，转动罐子一端的小曲柄发出警报声。罐子用铁丝或条铁支架固定在车子的一侧，如图中E所示。

在罐子中装一木块支撑棘轮。木块上钻放轴的孔，轴在罐子的一端被支撑住，在轴露出的一头固定曲柄。13毫米厚的木圆盘边缘有V形的槽口（图中A）。

将此有槽口的轮子固定安装在轴上，当轴上的曲柄转动时，棘轮就随轴旋转。4个金属片小棘爪安装在内支撑上（图中B）。它们的制作方法是：把金属片剪成图中C所示的形状，然

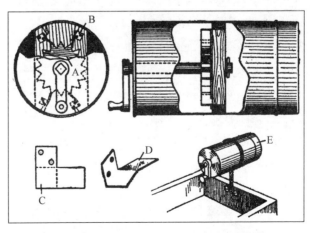

用镀锡铁皮罐制作的汽车小喇叭，里面装有棘轮和棘爪。

后折叠成图中D的形状。用小螺钉或钉子把它们固定在支撑上。本装置使用时盖子盖在罐子的端头。棘轮打击棘爪时发出响亮又刺耳的声音，与警报器喇叭的声音类似。

· 能越过壕沟的微型作战坦克 ·

本节描述的坦克尽管不如战场上的坦克那样凶猛，但也有卓越的本领越过壕沟，越过与其尺寸成比例的障碍。图中所示的模型是全装甲的，与这些战争怪物惊人地相似。炮塔上装连发枪，能在坦克经过粗糙地面时自动发射20颗子弹。牵引带的动力来自连接的橡皮带，橡皮带被后轴上的卷筒及棘轮装置拉紧（见图1）。棘轮松开时，后轴驱动其上有槽的轮子，后者再驱动侧立面图（图6）中所示的牵引带。缠绕着钢丝的飞轮保存橡皮带动力装置的初始功率，使其运转更加接近均匀。

基于本书中坦克的大小及所用橡皮带的数量，它将靠橡皮带动力装置的动力向上运行3米。被橡皮带启动的弹簧锤使连发枪射击。触发装置见图1。用绳子把带轮A与前轴环绕在一起。其内侧上的4根针成功地啮合触发装置，把它从枪膛B内拉出，使另一颗子弹下落到位。带轮旋转时，触发装置松开，射出子弹。这一过程持续到电动机停止或子弹耗尽为止。坦克用导向轮引导（图1）。金属片装甲及其炮塔安装在机械构件的上面，能很快取下。它有几个弯角（详见图2），用于配装到主框架木制中心横杆的端头上，用可拆卸针固定。虽然橡皮带制造及安装简易，但是增加强力发条传动装置能增加坦克的行程，其他的结构不变。

最好从支撑装甲的木框架开始制作。透视图（图1）与加工详图（图5和图6）一起使用时，有助于看明白后者。框架C的尺寸为9.5毫

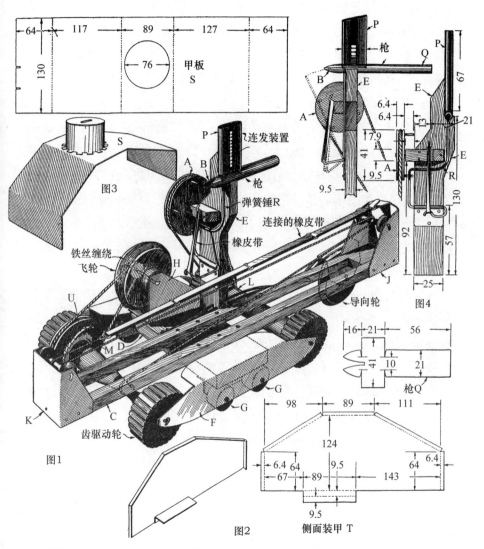

甲板 S

图3

P 连发装置

A B

枪

弹簧锤R

连接的橡皮带

E

橡皮带

铁丝缠绕飞轮

H

L

导向轮

图4

U

M D

G

G

J

K

C

齿驱动轮

F

图1

枪 Q

侧面装甲 T

图2

装甲及牵引带除去后各部件安排情况的透视图，以及连发枪机构与装甲的详图。
（单位：毫米）

米×45毫米×280毫米，在中心切出25毫米宽的开孔，离后端25毫米，离前端32毫米。制作横木D，9.5毫米×45毫米×149毫米；枪支架E（详见图4），9.5毫米×33毫米×159毫米。把支架E加工成图示的形状。将框架C和横木D用螺钉固定在一起，D离前端146毫米，其左端离框架侧面76毫米（见图5）。这是很重要的，因为其他部件的装配取决于这些木支架的位置。

在金属片悬挂架F上带有驱动轮（见图1和图5，详见图6）。这些悬挂架也带有承载轮G（图1），承载轮保持在悬挂架F与金属角片之间（详见图6，G）。这些轮子通过切割扫帚把得到，安装在钉轴上。悬挂架F的金属片如图示钻孔，在端头处折弯两次，给驱动轮轴强有力的支撑。上部分弯成直角，配装在横木D端头处的上表面，用小螺钉或钉子固定。制作悬挂架的材料是常用的金属片，尺寸为50毫米×162毫米，剪贴成图6所示的形状。

下面制作飞轮的金属片支架H（图1）。飞轮的边缘绕铁丝以增加它的重量。按图6中的详图剪切45毫米×106毫米的金属片，将它剪出缺口形成一个支撑飞轮的弹性安排，使带子绷紧。然后可以做其他的金属片支撑。剪切金属片做橡皮带动力装置的前支撑J，105毫米×95毫米，按图6中的详图将其成形。用金属片做支撑K，其形状大体上与支撑H类似，尺寸按需要而定，不用弹性安排。按固定点的位置在这些金属配件上钻孔，小心地标出传动轴或轮轴在其上的孔的位置。

然后制作驱动机构，见图1及图5和图6中的详图。驱动轴和它们的零件以及带轮可以在车床上加工。用线轴、圆杆等材料制作。做前轮轴L及轮子，两者牢牢固定在一起，总长为146毫米。刻槽的轮子厚度为19毫米，直径36.5毫米。用铁丝作为驱动轴的轴支撑。在车床上加工后轴，把它切削成图示的形状，中间细一点，给连接橡皮带动力装置的绳子提供位置。然后把卷绕钥匙一端的刻槽带轮和齿驱动轮（图5）割断

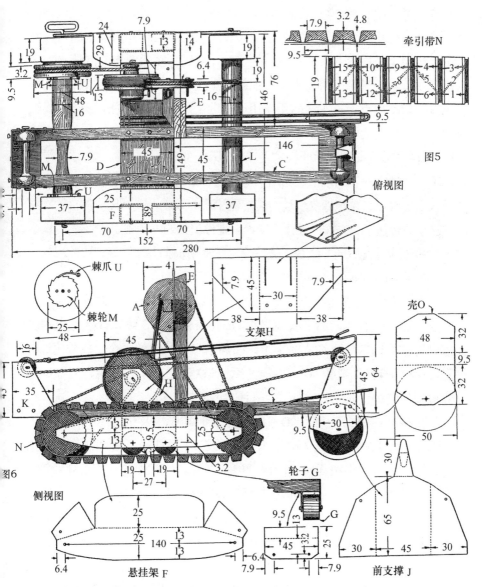

牵引带N

图5

俯视图

棘爪 U

棘轮 M

支架H

壳O

图6

侧视图

轮子 G

悬挂架 F

前支撑 J

装甲除去后内部机构的俯视和侧视图，以及金属配件、3个棘轮和牵引带的详图。

（单位：毫米）

联系。另一端的驱动轮也割断联系，形成安装在铁丝轴上的三段，轴的一端是卷绕钥匙。棘轮M安装在中间一段的两端与相邻两段之间，把棘轮钉在中间一段上并焊到铁丝轴上。棘爪U装到端头两段的内侧，如图1和图5所示。当橡皮带动力装置在鼓轮上绕紧后，牵引带就被抓住，直至需要启动坦克行进。然后用作用于棘爪上的棘轮把动力从鼓轮（或轴的中段）传送到驱动轮。

将悬挂架F安装在中间横木上，将驱动轮的轴固定到位。制作加重的飞轮，并把它安装到轴上（见图示），与后驱动轴上的带轮对齐。将支撑J和K固定到位，再把橡皮带动力装置绳子用的线轴设置到位。从飞轮到驱动轴安放传送带，并按图连接橡皮带。把橡皮带的一头固定在支撑J的钩子上。绳子通过前后端的线轴，最后固定在驱动轴上。然后该装置能用与轨道木条关联的齿驱动轮启动。

牵引带N安装在驱动轮上，如图6所示。它们用帆布条做成，在帆布条上胶粘并缝合木蹄片，详见图5。加固胶粘的缝合线以数字标出的次序进行。导向轮的直径为50毫米，四周削尖。给它做一个金属外壳O，见图6中的详图。外壳焊在双铁丝上，该铁丝支撑轮子并给它能很好地克服障碍的弹性张力。铁丝固定在图5所示的横木D上。

在将支撑E固定在横木D前面部分之前制作枪及相关的机械结构。用金属片形成弹仓，高为67毫米（详见图4）。用一片金属制作连发枪Q，把金属片严格按详图上的尺寸剪切。安装枪和弹仓，安置弹簧锤R及控制它的橡皮带。把带轮A固定到其轮轴上的位置，轮轴以小木块支撑。枪的支撑用螺钉固定到位后，用绳子把带轮A与前驱动轮轴系在一起（图5）。制造图示的木头子弹后，此作战坦克在穿上装甲前就可以测试了。

装甲由图3的甲板件S组成，炮塔两侧用图2所示的板件覆盖。把两侧板件的四周边缘弯折，用来与装甲铆在一起或焊在一起。侧板件下方的延伸部分弯两次形成支撑甲板的一个角，它置于架子F的顶部。在炮塔的下边沿切出槽口用于将炮塔装在甲板上，金属丝沿连接处交替转入与转出，见图3。装甲完成后，把它装在主框架上，枪炮从炮塔伸出。用小别针将装甲的各端部固定在主框架C的端部，使得装甲很容易被提起。坦克的各部分可以按自己的喜爱刷漆，注意不要损伤轴及皮带轮上的需加油的支撑处。装甲的外观刷银粉漆比较好，装甲可用纹章装饰。

· 纸军舰 ·

用一把剪刀、几根别针和一两张报纸就能做一个航行在抛光地板上的舰队。如图1，在纸条的相应点处钻孔并在一端用别针固定在一起，用它们来做小船的侧面。纸卷从相对的孔中穿过（图2），作为船甲板的支撑。甲板是一张剪裁的平纸，适配在小船两侧之间。带有烟囱和桅杆的第二个甲板（图3）是用纸折叠而成，其上有用于穿过烟囱和桅杆的孔，烟囱和桅杆用纸卷成。若采用普通纸张，军舰可以做成几种颜色，增加了舰队之间的对抗效果。很容易设计其他类型的军舰，图4展示了两种。少年与成人都可以在制作这种军舰舰队中得到不少的快乐。

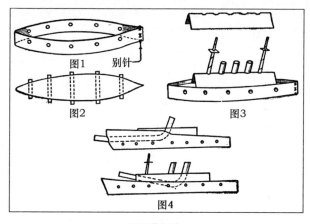

纸做的舰队。

· 来回滚动的罐子 ·

在马口铁罐中装一根橡皮带并在其上加一重物就能做成一个有趣的玩具（如图）。当罐子在地板上滚动时，最终它会回到初始位置，这是由于在橡皮带中间的细绳上挂有重物。橡皮带穿过罐子每一端的两个孔，当罐子在地板上滚动时，橡皮带在中间卷绕，重物使滚动方向逆转。

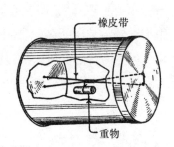

橡皮带

重物

· 木制的机械玩具鸽子 ·

当机械鸽子的头往下低时，尾巴就翘起来，反之亦然。其制作方法如下：制作各部分的纸型，两个身体、一个头、一条尾巴及一只脚。各部分的形状如图所示，一个身体部件已移去，以显出控制运动的橡皮带和铁丝之间的连接。图的上面说明了各部件的连接情况，这些部件是用3.2~6.4毫米的软木制成：头45毫米×89毫米；身体50毫米×133毫米；尾巴32毫米×83毫米；脚35毫米×38毫米。在木板上画出形状，加工并安装，按图示用橡皮带连接头和尾。在两身体部件间钉住脚部件，以钉子为中心转动头和尾。用一端带环的铁丝连接头部。做一个支架，在支架上切割出一条缝让推拉铁丝穿过，便于用手指操作。

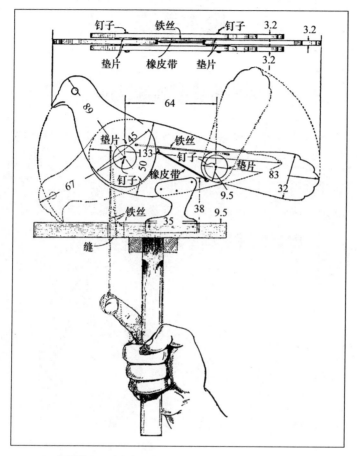

操纵铁丝，头部与尾部就上上下下。（单位：毫米）

魔术手法

· 准确地将牌抛到标记位置 ·

有一个替代单人纸牌游戏的很有意思的古老玩法。试图将最大数量的牌抛进一定距离外的小篮子中，或底部朝上的礼帽中。若将牌在A处拿着，然后抛到B处，稍加练习就能非常准确地将牌扔出。

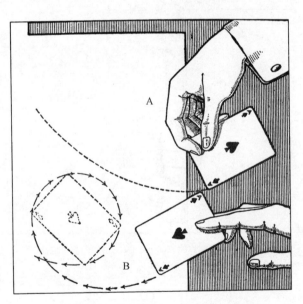

将纸牌准确抛出，使它们落入一定距离外的容器中。

· 简单的纸牌魔术 ·

　　一个观众选出一张牌并记住它，然后将其放回一副牌中，由抽出该牌的人洗牌。尽管已彻底混合，通过抽牌仍可以找到正确的牌。秘密在于：当选牌时，允许选牌人从一副牌中将牌取出。然后表演者拿着举起，要求观众记住。这样做时，使食指的指甲在该牌的边缘轻轻擦一下。这不会显露，也不会被持有人察觉和怀疑。当此牌放回一副纸牌中并洗牌后，就可以抽牌了。看一下这副牌的边缘，一个小白点很清楚地显露出来，因为刮擦的边缘与其他没有刮擦的牌对比十分明显。根据这一点就很容易抽出该张牌。

· 将纸牌缩小的魔术 ·

　　用一张如图那样做成的纸可以玩一个非常巧妙的将纸牌缩小的魔术。给观众展示整个牌（图1），然后折叠为二分之一，再次展示（图2），再折叠为二分之一，成图3。若折叠的速度很快，是注意不到的。用一张纸，其尺寸如常玩的牌那样，在一面做A花样。折叠后，在尺寸减少的一面做出同样的A花样，然后再次折叠，做更小的A花样。

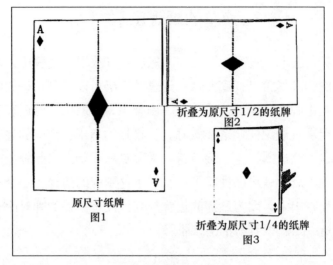

折叠为原尺寸1/2的纸牌
图2

原尺寸纸牌
图1

折叠为原尺寸1/4的纸牌
图3

在手中减少纸牌的尺寸。

· 消失的硬币 ·

听到一枚硬币落入一杯水中后硬币消失是十分令人费解的魔术。做此魔术必需的物品有一杯水、一块手帕、一枚硬币和一片与硬币大小一模一样的透明玻璃。可以切割出玻璃片并在砂轮上磨圆，再把边缘抛光。

做此魔术时，事先将这片玻璃藏在左手中指与无名指之间，众目睽睽下在同一只手的拇指和食指之间持有硬币，右手拿手帕。把手帕扔到左手上，将该玻璃片收集在布的褶皱内，而硬币落入那时被覆盖的左手的掌心中。移出左手，用手帕将玻璃片紧紧裹住。任何人都能接触手帕覆盖的玻璃片，不过不能将它与硬币区别。这样展示后，将硬币悄悄滑入口袋中。将手帕散布在一杯水上，使玻璃片下落。当它撞击玻璃杯底部时，会听到明确的声音。提起手帕，什么也看不见，因为玻璃在水中是无形的。

· 刀和玻璃杯的魔术 ·

用三个玻璃杯和三把餐用刀可以做一个有趣的魔术。把玻璃杯在桌子上放成等边三角形，把刀放在玻璃杯之间，刀的一端离玻璃杯约25毫米，如图所示。这些刀能被3个杯子的顶部支撑，其他什么东西都不要。大多数旁观者认为这是不可能的；有些人想试一试，却失败了。但是这是能做到的，按图显示的去做会发现实现这一点是多么简单！

以这种方式放置餐用刀，它们就可以被
三个玻璃杯支撑住。

· 简单的几何图形魔术 ·

一个仅用一片硬纸板做的简单的几何魔术有很强的娱乐性。在这个魔术中其他人会认为两个相同的一段圆环尺寸却不同。

用圆规在硬纸板上画两个同心圆，将它们仔细地分成6等份。切出两段圆环。将一段圆环放在另一段之上（见图的下方），问别人一段比另一段长多少。除非他以前见过此试验，否则总是会说一段比另一段长很多。现在把两段颠倒位置，重新提出这个问题。通过把两端重叠就能确定这个事实：两段圆环的尺寸是相同的。

· 神奇的药丸盒 ·

神奇的药丸盒能使硬币消失，并随人的意愿返回。这个魔术极其简单，任何药丸盒用几分钟改装后就能做。

剪一个硬纸板圆盘，其大小正好与普通药丸盒的底相匹配。在盒中丢入一枚硬币后将盒盖盖上。然后把盒子倒过来并摇动，要求注意硬币仍在盒中的事实，因为硬币在盒内乱撞发出响声。现在，将盒子拉开，左手拿住盖子，使硬纸板圆盘盖住硬币，硬币就消失了。然后，仍握住倒过来的盖子，将盒子重新装在一起并反向操作，将底部握在右手。打开盒子时硬币又出现了。

盖子

硬币

硬纸板圆盘

盒

看，他们就是这样做的！

· 魔柜 ·

表演者要求观众注意安装在短柜腿上的柜子，它的前面、后面及顶部均有门。打开后门，然后打开顶部及前门，手臂伸进去证明柜子是空的，没有双层门或双层壁。表演者也将神秘魔杖放在柜子下面证明那里没有什么机关。然后把前后门关上，留下顶部不关，手伸入柜内能取出手帕、兔子等大量物品，然后打开前门显示柜内空无一物。但再次关上前门时，他仍能取出物品，直至物品被取完。这个魔术尽管看起来很奇妙，实际上十分简单。如果你善于使用工具，这种柜子能用包装箱的木料制造。

制作柜子时，把两块400毫米长、350毫米宽、13毫米厚的矩形木板和两块13毫米厚的350毫米正方形木板钉在一起。其中一块正方形木板的四角固定4条腿。在对面一块（即顶部）的正方形木板中制作一个200毫米的方孔。此方孔用213毫米的方形门盖住，门上装一个把手便于将其打开。再把一块400毫米长、350毫米宽的带有把手的木板用铰链连接到前面做门，另一块带把手的木板以同样方式用铰链连接做后门。在后门中心有一个225毫米长、175毫米宽的裁切口。在这个开口中挂一个摆动盒，它由两块225毫米长、175毫米宽的做面板的木板和两块切成三角形的做端头的木板钉在一起而形成。这个摆动盒在开口处用铰链连接，使它能按需要摆入或摆出，在摆出的门的那一面显示为一块平板。应在前门每一面钉一块同样尺寸的平板，使两个门看起来是一样的。

在把需要展示的物品放入三角盒内后，将此盒推入柜内就可以开始

后门上
的斜盒

打开柜子的前后门及顶板，说明柜子是空的。

这个魔术。首先打开后门，做这一动作的过程中，当门向后摆离开观众
视线时将三角盒往外推出。这显示除了平板外，什么也没有。再打开前
门及顶部，柜子看起来是空的。然后将前后门关闭，做此动作时把三角
盒推入，开始通过顶部的门取出东西。

　　建造柜子时要仔细，使柜子的门可自由打开，三角盒摆动容易，
在操作过程中不易被发现。对于聪明的表演者来说，这个魔术是可以
变化无穷的。

放风筝去

· 飞龙风筝 ·

可以按照制作者对于龙凶险形状的想象制作飞龙风筝。尽管认为其不漂亮，但与凶狠外表相比它更多的是滑稽可笑。总的看来，飞龙风筝与蜈蚣风筝好像飘在天上的巨大毛毛虫。风筝有时会蜿蜒曲折，枝条看起来是毛茸茸的巨大脊椎。通常尾段比头部摆得高一些。就像有许多单个风筝，使劲拉着，需要结实的绳索才能成行。单个的圆节可能有20个，若两节相距0.75米放置，风筝的长度将为15米左右，节数增加或减少时，风筝就长一些或短一些。为了携带或储存方便，风筝将折叠进小空间。但要注意，折叠时不要套住绳索。

风筝的头部

头部比其他各段需要做更多的工作。这一部分有两个主要的环，见图1。内环更为重要，加外环是为了下落时保护尖点。图2是其框架结构。它完全是用竹子做的。把竹子劈成约4.8毫米宽的竹条，用来制作环A。由于竹条

图1

有角、耳朵和转动眼睛的风筝头非常丑恶可怕。

227

太厚，必须将它削薄至小于1.6毫米。环A的直径是300毫米，制作此环的竹条长度应为950毫米左右，以便有一些竹条头可以用于搭接。用麻线绕在竹条头搭接处将其牢牢系在一起。有的孩子用沿纵向撕开的13毫米左右宽的宣纸条。在将宣纸条绕在搭接处前，把糨糊涂在纸条上。宣纸条干燥时收缩将牢牢地绑住端头。

两根重量

一样的横杆作为环的支撑，相距89毫米，互相平行且与中心等距，图2中以B和C示出。这些横杆的两端弯成锐角，并与环A的内表面捆在一起。为了做这些弯折，将竹子放在蜡烛火焰上加热，直至它在压力下弯折。冷却后，竹子将保持形状不变。要记住这种折弯方法，因为在制作各种风筝时都有用。两个直径89毫米的小环放在两根平行杆之间，图2中的D和E。它们用做龙的眼睛，绑在两根横杆B和C上。因为眼睛在环内旋转，小环应做得完全准确。将竹子绕在直径89毫米非常圆的圆柱上可以成型。为了硬化整个结构，两根1.6毫米厚、3.2毫米宽、500毫米长的竹子（图2中F和G）绑在后面。内环A与外环H之间的间距是75

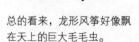

总的看来，龙形风筝好像飘在天上的巨大毛毛虫。

毫米，得到外环直径是450毫米。它由3.2毫米宽的竹条做成，竹条厚度应小于1.6毫米。可能有必要用两根竹条来制作这个大环。此时，要非常仔细地使端头很好地绑在一起，做成一个完美的环。两根短竹条J和K与两个环绑在一起。两个角分别

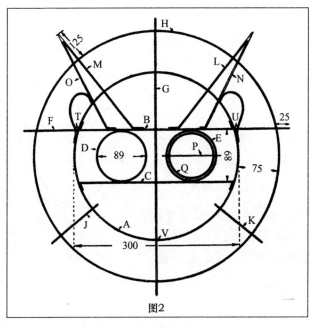

图2

头部框架完全用竹条制成，接头绑在一起。（单位：毫米）

用两根3.2毫米宽、厚度小于1.6毫米的竹条制作，将它们绑在上横杆及两个圆环上，使竹条L和M准确地处于F与G端头的中间，从圆环A的中心辐射出去。另外两条N和O分别指向两个眼睛圆环的中心。耳朵不太重要，需要时也可加上。角和加强杆F、G上的圆环的直径为13−50毫米，从硬纸上剪下，如果比较大，可用竹子做。

宣纸是最佳的覆盖材料，应将其绷紧，没有任何扭曲和起拱的地方。只有部分地方需要覆盖：内环A的里面、角和耳朵。眼睛环暂时不要覆盖。颜色用刷子和水彩加上去，脸可以是白色，也可以刷上鲜艳色彩。角仍为白色，舌头刷红色。

眼睛

每个眼睛框用竹子做成，竹子的厚度削减到0.8毫米，形成直径为82毫米的完美圆环。铁丝沿直径穿过竹子，圆环就能以铁丝为轴旋转，见图3的P处。铁丝的长度要足以穿过图2中的套环D和E。眼环在套环中就位并调整好轴后，用纸条紧紧

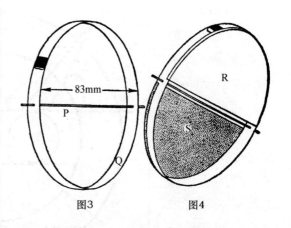

图3　　　　图4

用纸遮盖能在风中转动的竹环做成眼睛。

包住铁丝贴到圆环的竹子上。在套环与眼环之间每一侧的铁丝轴上放一粒玻璃珠，使它们分开，转动的一个环不会碰到另一个环。

眼环的每一侧用宣纸覆盖一半（见图4）。R部分是前面的上半部，S是后面的下半部。以这种方式做成的两半使风对整个眼环的压力不均等，引起它在轴上旋转。眼环的前面上半部做成黑色，延伸到这一半下面的较小的黑色部分是一片圆形纸张，它刚好在两半之间，所以它有一半在眼环的前面与后面均可以看到。有一些风筝制作者在眼睛上加一些微小的玻璃，用于反射光线，当眼睛在套环内旋转时，能产生闪光。

风筝的一节

一节风筝的环做得与风筝头内环尺寸相同，即直径是300毫米。做此环的竹子应是3.2毫米宽，1.6毫米厚。0.9米长的平衡杆放在与图2中横杆F同样的位置，必须做得又小又轻，且非常平衡。一小束纸巾或羽毛

挂在平衡杆的端头（图5）。与头部一样，这一段风筝也要紧紧地覆盖宣纸；制作者可以按需要着色。最后一段上的平衡器要有飘带作为结束（图6），飘带用轻布条做成。

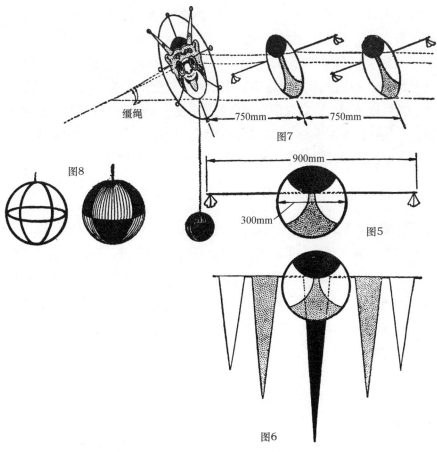

各节风筝均有平衡器，圆盘刷鲜艳的色彩，它们在空中会产生巨龙效果。可以在头部的下边沿挂球形平衡器。

牵索

如前所述，可以做20节左右，各节间的距离是0.75米。20这个数字说明有很多节独立部分要用3根长绳子连接在一起，绳子的长度应要保证能从风筝头拉到风筝尾，并有足够的多余长度用于打结。由于这种风筝的拉力很大，使用的绳子应是围网用的6股麻绳。开始时，把3根长绳子绑在图2风筝头的T、U、V处。下一节绑在离风筝头0.75米处。可以把风筝头固定在墙上，使每一根绳子能引出至正确的长度，制作就容易得多。继续不断绑下去，直至相距0.75米的所有各节全部绑好。也可用其他间距，不过，所选的距离在整个风筝长度上必须一致。各节风筝的尺寸可以不同，或者它们全都可以是直径为225毫米的，而不是300毫米，平衡杆则是0.75米长，而不是0.9米长。不过，各节一致的风筝要好得多，而且比较容易制作。各节在风筝中的位置示于图7。

控制缰绳

缰绳常常是用3根绳子做的，它们连接在风筝头上与牵索同样的位置，即T、U、V处。较低的绳比两根较高的绳长一些，所以风筝会朝微风的方向有一些倾斜。头倾斜时，风筝的各节也会倾斜。有些制作者喜欢在风筝头上有平衡器，比如将这种平衡器做成球形。用竹条做的球示于图8，连接方式示于图7。

放飞风筝

放风筝时，需要有助手拿着风筝，因为牵索可能缠绕在一起。开始时需要小跑一段路，直到风筝飞起来。若不成功，重新调整奔跑速度和对缰绳的控制，注意平衡器不要缠结。可以对文中描述的方案做出许多改变，但必须记住，风筝各节间的距离要相等，总的结构必须保持。

· 花彩带风筝 ·

同一框架上有一个以上的风筝称为组合风筝。图中在一根长杆子上由3个无尾风筝组成的风筝称为脊骨状风筝。上面一个的宽度是0.9米，中间一个是0.6米，下面一个是0.3米。建造这个风筝需要一根轻木杆，长2.1米，截面为6.4毫米×12.7毫米，最好是云杉木，也可以是松木。若木杆容易折断，最好是把宽度从12.7毫米增加到19毫米，或者不增加宽度，而将厚度从6.4毫米增加到9.5毫米，不过，若采用云杉木，最初给出的尺寸已足够了。木杆应该是直纹的，不能有扭曲。若云杉木有扭曲，几个风筝就不能放平，或者互相不在一个平面上。若有一个不正，就会引起风筝在空中不稳定。弓杆有3根：上面一根1.2米长，截面为6.4毫米×12.7毫米，中间一根0.6米长，截面为6.4毫米×9.5毫米，下面一根0.3米长，截面为6.4毫米×6.4毫米。需要约5张薄棉纸，用多种颜色时可能需要更多一些。法国薄棉纸好得多，因为它的色彩好，且比其他棉纸结实得多。其花费稍许多一些，但做出的风筝很漂亮。中国的宣纸最结实，但只有本色。

注意，风筝并没有伸展

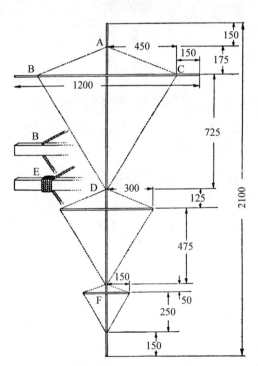

风筝的脊骨结构。（单位：毫米）

到脊柱木杆的顶部和底部。第一根弓杆置于离脊柱顶325毫米处，其两端各伸出风筝外150毫米，用来固定花彩带。弓杆应绑在脊柱杆上，而不是用钉子钉。绕两根杆子的对角线交叉绕线，然后再在杆的上下左右绕线，拉紧防止滑动。

为了串起上面的风筝，离顶端150毫米处A，离弓杆每一端150毫米处B和C各钻一通孔。若没有小钻头，用刀或锯在杆上做缺口用于保持住绳子。离上面弓杆725毫米处D，在脊柱杆上钻另一个小孔。将轮廓绳

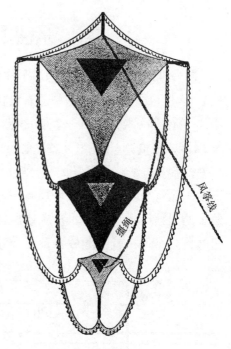

弓杆端头挂有彩带的风筝。

绑在A处，然后穿过C处的孔，然后穿过D，向上穿过B，返回到起点A处。绑最后一点时，把绳子向上抽紧，不要太大力而使脊柱杆或弓杆裂开。仔细测量一下，看看AC是不是等于AB，CD是不是等于BD。若它们不等，移动绳子直至它们相等，所有点按E处所示那样卷绕，防止滑动。对中间与下面的风筝，以同样方式进行，然后就可以覆盖风筝面了。

覆盖织物要剪得比欲覆盖的表面四周大25毫米左右，但只翻转这一宽裕量的一半。这就使覆盖面相当宽松。对于边上的花彩带，剪切64毫米宽的薄棉纸条，把一条长边的13毫米粘贴在绳子上，用剪刀沿宽松边每隔25毫米剪一条缝。花边做好后，按图把它系上。不要把它拉得太紧，要留足宽松度，使每一段形成优美的曲线，并保持各边平衡。

在A处系缰绳的上端。缰绳的长度是2.2米，风筝线系在其上距A点0.75 米处，留出缰绳的下面一部分从此点绑到脊柱杆的F点，这一段长度为1.45米。

如果在下面风筝弓杆的两端和脊柱杆的底部没有附加太多额外飘带的话，此风筝飞行就没有尾巴。

若色彩搭配得好，可得到非常漂亮的风筝，而且飞行很顺利。

· 八角星风筝 ·

几乎每个孩子都能制作几种普通类型的风筝，不用专门指导。对于想制作不一样的风筝的孩子来说，以原创方式装饰的八角星风筝是值得一试的，尽管需要更仔细的工作和花费更多时间。图1所示的星形风筝的结构很简单，若小心制作，能飞得很高。它是用飘带平衡的，而不是像普通风筝用尾巴平衡。任何形状风筝的布局设计要精确，否则会出现明显误差，使风筝的姿态不平衡。

这种星形风筝的框架用4根杆连接而成，见图2，绳子从一角引到另一角，如从A到C，从C到E等等。在每一对杆交叉处开的小槽减少了中心交叉处杆的厚度，加强了框架。杆子长1.2米，截面是6.4毫米×12.8毫米。每对杆互相成直角放置，用绳子绑在一起。在中央也用19毫米的曲头钉把它们固定。形成正方形（ACEG和BDFH）四边的绳子长度在系结时必须一样。形成正方形的绳子互相交叉处及与杆的交叉处也要绑住。

风筝的第一层面是平常的浅色纸，将风筝铺设在平滑的地板或桌子上，用糨糊把纸粘住，与制作普通风筝一样。颜色较深的装饰粘在其上。面纸的外边沿在绳子上翻过粘住。颜色可以有多种搭配，例如红色与白色、紫色和金色，绿色和白色等等。鲜艳而对比强烈的色彩最佳。

装饰可以从中心向外进行，或者反过来进行。所示设计中的外边沿有38毫米的黑边。八个角处是带镀金条纹的深蓝色的三角形。中心花样是黑色、深蓝和镀金条纹搭配的。

系上旗子，流苏用线做

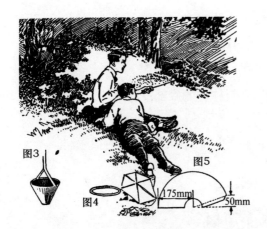

图3

图4

图5

175mm

50mm

成。外飘带长度至少1.8米，要仔细平衡。丝带或衬里麻纱用来做外飘带。飘带的漏斗形的末端使风筝平衡。它们的详细情况

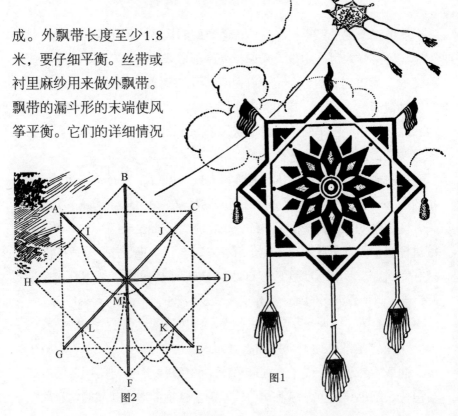

图2

图1

示于图3、4、5，底部是直径25毫米的开口，空气可以穿过，产生使风筝稳定的拉力。飘带是深蓝色，布流苏则是浅蓝色。用薄簧片或细铁丝来做使顶部绷紧的圆箍，用厚包装纸或封面纸覆盖箍。按图5剪切，再卷成漏斗形。

4根缰绳系在框架的I、J、K、L处（见图示），结点为M。上面2根的长度分别为450毫米，下面2根的长度分别为800毫米，风筝线系在M处后，还必须对这4根线进行调整。

· 如何制作和放飞中国式风筝 ·

认真放飞风筝的少年不会满足于简单地握住风筝线的一头，在空旷场地上跑来跑去，努力将带有约0.4斤重碎布做尾巴的沉重纸风筝提升起来。他愿意制作一个尽可能轻又没有尾巴的风筝，这风筝很奇特，能沿所有的方向运动。有时，放风筝高手能使这种风筝穿风飞行上百米。事实上，曾有几个少年将他们的风筝带到一起进行比赛，直至其中一个风筝因断线而飘走，或者因另一个迅速俯冲而被扎破，掉在地上毁掉。

用如下方法制作风筝：取一张薄而坚韧的棉纸，约500毫米方形，将其折叠并沿图1中的虚线剪切，就得到一个完美的方形风筝，具有优良飞行物的全部品质，既轻又牢固。用两根竹子，一根用作主杆，另一根用作弓。主杆长450毫米，截面是6.4毫米×2.4毫米。用普通大米粥涂抹主杆的一面。大米粥是不错的纸张黏合剂。将主杆放好就位，在杆子的两端粘贴两片三角形纸防止撕裂。现在弯弓杆，从方形纸侧面伸出的凸耳在弓杆端头上弯过去粘贴。若米粥比较干或是粉状，涂抹后几乎立即就会干，因此在糨糊干时不需要用线保持弓杆的弯曲。

在杆子就位后，风筝的形状如图2所示。虚线表示凸耳在弓杆端头上弯过去粘贴。图3显示如何加上带子并使风筝平衡。这是极其重要的部分，无法说明得十分清楚。必须通过试验做到这一点，总而言之，风筝的平衡必须完美。绳子要用活结固定在带子上，前后移动直至风筝飞行正常，然后再牢固固定。

下面做卷线轴。若手头没有更好的材料，用两根小木条做两个端头固定在木棒或扫帚柄上。两个端头相距350毫米，在它们之间钉木条（见图4），用绳子把中间向内拉并绑住。所用的风筝线一般是重包装线。线在薄面粉或大米糨糊中穿过，彻底涂抹，然后在大量玻璃碎粉中穿过。玻璃一定要粉碎得很细并用细筛子筛过，使其与2号金刚砂颗粒差不多。玻璃微粒应非常尖利，充满碎片。这些微粒粘在涂糨糊的线上，干了以后就很尖利，用手处理时一定会划伤手指。因此，完全是用

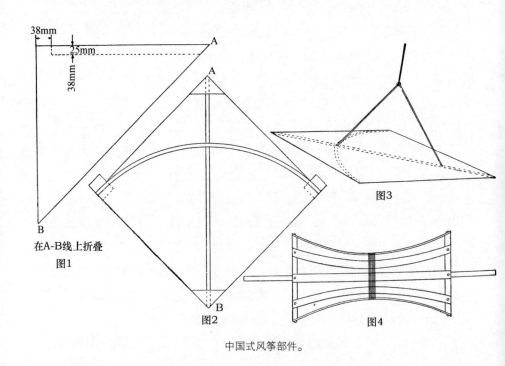

38mm
25mm
38mm
A
B
在A-B线上折叠
图1

A
B
图2

图3

图4

中国式风筝部件。

卷线轴使风筝飞行。为了在卷轴上绕线，只需要把卷轴杆的一头放在左臂弯里，用右手的手指捻转另一头。

在中国，一个少年将从屋顶（如果是在有平屋顶的一个大城市中）放飞色彩明快的小风筝，第二个少年将出现在另一个也许在60米外的屋顶上。两人均有绕满线的卷轴，常常有几百米的线。前30米左右是玻璃包线或普通包装线。一旦第二个少年在高处拿着风筝，他就开始设法横切风力驱动它，越过第一个风筝。首先，他放出大量的线。然后，当风筝摇摆到一侧，其头部对着第一个风筝时，他收紧手中的线并开始快速稳定下拉。若做得正确，此风筝在另一个上面越过。现在就放线，直至第二个风筝在第一个风筝线的上方。这时风往往会把第二个风筝带回到其平行位置，这样做时，就围绕第一个风筝的线转弯。若第二个风筝靠得很近，第一个就试图用快速俯冲刺它。与此同时，第二个少年来回摇摆他的风筝线，过一会儿第一个风筝的线被切断，它就飘走了。

它不是一个成熟的，以把其他伙伴的风筝拉下去为目的的运动，但是有可能那么做的。因此，当放风筝能手进行风筝格斗时，常常是十分有趣的战斗。

· 如何制作对抗风筝 ·

所需材料是：五根松木杆，三根长1.5米，一根长1.35米，一根长0.45米，截面均为13毫米正方形；3.6米麻纱；一盒大头钉；一些麻线和4.8米结实的合股线。将两根1.5米的杆平行放置，相距0.45米。然后把1.35米长的杆子与它们成直角横放，交接处距竖杆上端0.45米（见图1），用曲头钉固定交接处。在此横杆下面0.525米处放置0.45米的横杆。

三根长杆的端头刻槽（图2），绕
这些槽口将线拉直，如图中虚线所示。
若麻纱的尺寸不足以覆盖框架，要用两块
缝在一起。然后剪出一块与框架形状一样
的麻纱，四周有25毫米的凸边用作搭接。
用麻线将麻纱牢固地缝在框架上。部分
用间隔25毫米的大头钉固定在框架杆
上。把两根竖着的长杆之间的麻纱
的中间部分剪掉。用剩余的麻纱
做两块布：一块0.9米×0.45
米，另一块0.9米×0.525
米。剩下的1.5米长的一
根杆与这两块麻纱固
定在一起（图3），

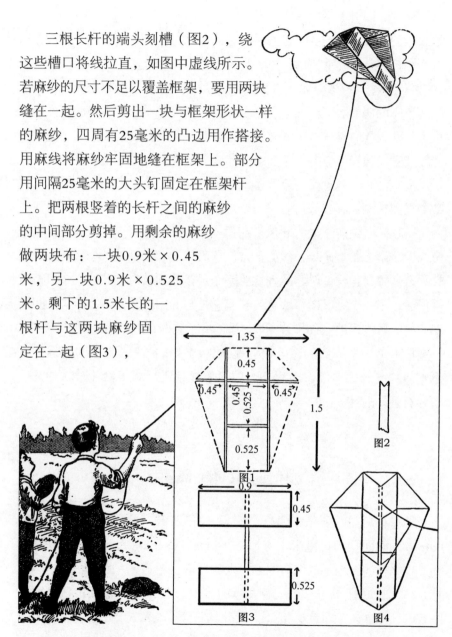

图1

图2

图3

图4

风筝线应该非常结实，使对抗风筝能在其上飞舞。（单位：米）

再将其整个固定在主框架上形成V形突出。为了在风筝线上有合适的拉力分布，一根缰绳固定在V形件中长杆的较上端，另一根固定在较下端，如图4所示。通过改变风筝线与缰绳的连接点可以改变其倾斜度，以满足使用者的要求。若要求将风筝飞行在头顶上，把风筝线连接在常规点以上。对于低空飞行，则连接在此点以下。用临时固定在缰绳上的风筝线，通过飞行试验找到常规点，然后把连接永久固定。

· 如何制作飞机风筝 ·

在制作了很多杂志中描述的风筝后，有人另辟蹊径制作了图示的飞机风筝，由于其外观及在空中的表现，在邻居中得到相当多令人鼓舞的评价。

主框架的组成是：一根775毫米长的中心杆A，两根横杆，其中一根B长775毫米，另一根C长388毫米。图中给出了横杆在中心杆A上的位置，前横杆B离端头44毫米，后横杆C离另一端57毫米。各杆子的端头切割小槽口接收绳子D，D绕外围形成框架并加固各部分。两根横线置于E和F处，分别离中心杆A两端175毫米。另外的加固线是交叉的，图中示为G，然后两边绑在横线F上，图中H处。

长横杆B向上弯曲形成弓，其中心在连接其两端的线的上面82毫米。较短横竿以同样方式弯曲和连接，形成拱起64毫米的曲线，中心杆的曲线拱起45毫米，两者均是向上弯曲。在两端与横线E和F之间的前后两部分用黄色棉纸张覆盖，把它粘贴在横杆与线上。小翼L是紫红色的棉纸，在M处宽100毫米，逐步变细到N成一点。

缰绳连接在中心杆A与横杆B和C的交接处，必须按风筝的大小及重量调整。此风筝是无尾的，要求稳定的微风使其像飞机一样浮在气流中。

缰绳和各杆子的弯曲程度必须调节到能获得期望的飞行效果。缰绳应绑扎使得重心在横杆B下，以得到最好的效果。但是，为了使风筝很好地搭上气流，稍稍偏离这一位置可能是必要的。建造每一个风筝时，重心不会是一样的，只有通过试验才能确定缰绳的位置，然后再把它永久固定。

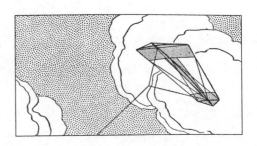

无尾风筝乘气浪前行，就像稳定微风中的飞机。

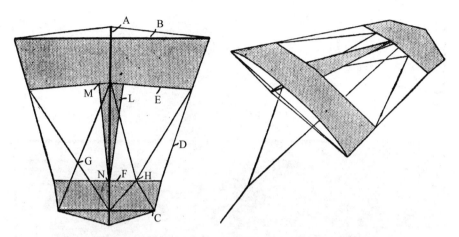

飞机风筝的总体结构与外形，只要保持比例，其大小可以任意，右图是它在稳定微风中的情况。

· 从风筝上拍照的照相机 ·

看着风筝在相当的高度飞行时，人们常常会想知道，如果有可能从风筝这一角度观察，地面的景观是什么样的呢。采用风筝照相机，完全有可能从风筝上得到观察结果。只有大尺寸风筝才能携带拍摄相当大尺寸照片的普通照相机，因此，必须设计结构较轻的照相机，以便中等尺寸风筝可以携带它达到上百米的高度。图中显示了附着在箱形风筝上的这种相机。较小的示意图说明了结构的详细情况。

相机主要由一头带有镜头，另一头是敏感相片底板的不透光盒组成。对于风筝相机，单消色差镜头比较合适。这种镜头比较便宜，可从小型相机中取得。必须在开始做相机前取得，因为相机的大小取决于透镜的焦距和打算拍的照片的尺寸。用拍50毫米正方形照片的相机在风筝

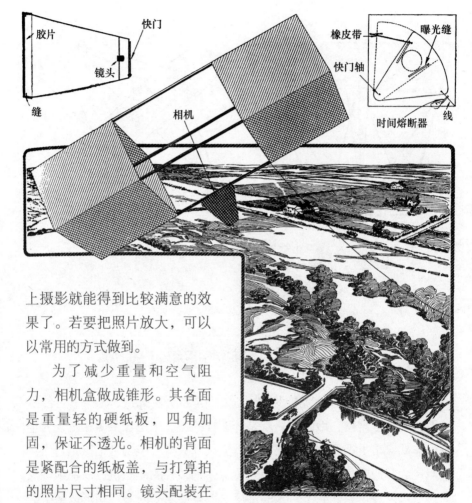

风筝照相机提供了摄影的另一种方法，有实际的商业用途。图示的照相机重量轻，结构简单，能曝光50mm正方形胶片。左边是截面图，右边是快门的详图。

上摄影就能得到比较满意的效果了。若要把照片放大，可以以常用的方式做到。

为了减少重量和空气阻力，相机盒做成锥形。其各面是重量轻的硬纸板，四角加固，保证不透光。相机的背面是紧配合的纸板盖，与打算拍的照片尺寸相同。镜头配装在图示的中间区。有必要确定镜头的焦距，并将它置于距相机纸板背内侧（胶片表面）一定距离处，这样拍摄远处物体时就能正确聚焦。

前面有一个圆孔，要足够大，不妨碍镜头的视野。薄绝缘纸板做的快门安在开孔上面，如图所示。快门上切一条缝，当快门回拉时，光线可以通过这条缝用于曝光。缝的大小及宽度调节曝光量，对于所用的镜头，必须试验几次才能决定最合适的曝光时间。快门以其下端为枢轴转动，用橡皮带回拉。附有时间熔断器的线控制快门释放而曝光。线顶住橡皮带的拉力维持快门关闭，直至熔断器烧到线，把它切断。熔断器必须足够长，能在线烧断前使风筝达到适当的高度。当快门设置好，且附着的熔断器被确认能被点着时，相机就可以在暗室中安装了。切成正确尺寸的胶片小心地与胶片包装一起放入不透光的滑盖中。当然，感光面置于最靠近镜头处。

相机牢牢地固定在风筝的中间（见图示），所以，风筝在飞行时几乎将正对着下面的景观。当一切准备就绪，点燃熔断器，风筝开始飞行。通过对试验飞行计时，可以确定熔断器的长度，使得在曝光时风筝达到所需的高度。

从空中照相用的风筝要足够大，便于携带照相机。图示的一类相机盒能满足要求，但也可用其他类型的。业余爱好者的风筝照相机很大可能是进行试验用的，但仍需要根据摄影知识小心制作。对于愿意掌握细节的人来说，风筝摄影在拍摄地面图、大楼组合、工厂和其他用别的方法无法拍摄的物体方面提供了令人愉快的消遣方式。

趣味飞行物

· 能转向的单翼纸飞机 ·

用纸折叠出的一种非常有趣的物品就是单翼机，它由一张175毫米正方形纸按图示的方法折叠而成，还加了一条尾翼。通过调节尾翼，这个小单翼机能转向，甚至能在变化的气流中转圈。对于喜爱用此模型做试验的少年来讲，这一小小的纸飞机提供了很多启示和娱乐。

做此模型时，按图1所示的虚线将一张硬度中等的方形纸折叠，折出折痕。然后把纸张展开并按图2重新折叠。再将角A和B（图1）放入图3所示的A和B位置处。将角C和D向上折叠到图4的位置C和D。把角G和H折叠到图5的位置G和H。将尖顶J和K折叠到图6中J和K处。提起图6中的尖J和K，并将它们叠进去，使原来图6中在它们下面的角现在在它们上面，如图7中L和M所示。沿线OP把角N往后折叠（图8），模型主体部分的形状就如图9的QP所示。制作如图10所示350毫米长，38毫米

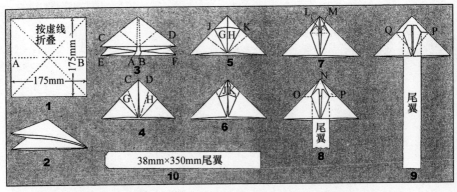

图中清楚地指出了折叠纸张的方法，按标出的数字顺序进行，尾翼单独插入。

宽的尾翼，将其粘贴到位。纸飞机就做好了，把尾翼弯曲或扭转就能使它飞行转向。

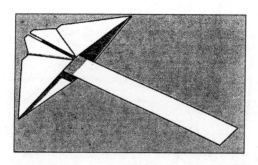

用175毫米正方形纸做的单翼飞机，把尾翼弯曲或扭转就能使飞行转向。

· 精心设计的纸滑翔机 ·

纸滑翔机是能快速制作的有趣又实用的玩具。可以在室外玩，但当天气状况不佳，必须留在室内时，也是很好的消遣方式。图示的滑翔机是经过大量试验后设计出来的。一扔出去，它能平稳地飞行6至9米，并且携带暗藏在针后的信件（附图中的上图）。具有创造性的少年可以设计滑翔机的许多玩法。

滑翔机制作方法如下：纵向折叠一张250毫米×375毫米的纸，在其上左侧标出图示的轮廓线。尺寸要与图中一致。首先测出从端点A到B点的长度，然后画出到D点的斜线，成45度角。标出到E点的宽度，再测出图中标出的其他距离，以确定边的弧度。标出从D点伸展出的虚线，它们是

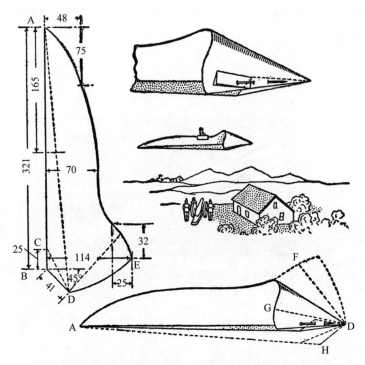

若精心制作，滑翔机可携带信件飞行9米。（单位：毫米）

折叠纸张形成附图中下图的滑翔机的引导线。把虚线部分卷曲到侧边下，使线FD到达DG位置，用大头针将它们固定在角H处，如附图的下图所示。扔纸滑翔机时，用拇指和食指握住滑翔机下面的中间折叠部分。

· 玩具弹射器 ·

　　附图所示的这种几块钱买来的老鼠夹可以很容易改制成抛出弹珠的弹射器，用可调限位架调节飞弹的射程。鼠夹固定在弹盒的边

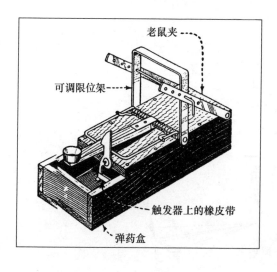

老鼠夹

可调限位架

触发器上的橡皮带

弹药盒

沿上，除去诱饵钩。然后用扁金属条弯成限位架，固定在鼠夹的两边，如图示。作为限位架支撑的两个侧臂用穿过限位架和支撑臂上的孔的铁丝针调节。投掷臂要用13毫米见方、长约250毫米的硬木制成。不过，长度最好是通过试验决定。投掷臂的端头的小金属杯用于放置飞

弹。如果需要，可以加触发装置。绑在纸巾中的面粉可以用来制造逼真的炸弹，因为受打击时它能给出烟雾样的粉尘，而且无害。限位架设定的角度为45度左右时，此装置通常能获得最长的投掷距离。

· 能转圈的纸滑翔机 ·

只要依照附图去做，普通纸滑翔机就可以转圈，可以做螺旋状飞行。首先要小心地制作，使常规形式的滑翔机飞行出完美的直线（见图1）。

为了使滑翔机转圈，机翼的后角应向上转成直角（见图2），用力发射出滑翔机，机头稍稍向上方。这需要实践几次，但很快就会知道诀窍。转一圈后（见图3），它就滑翔下降。如果从一高处头朝下下落，这种形式的滑翔机也会自我校正飞行，如图4所示。

为了做螺旋状飞行，滑翔机要按图5制作：后面一个角向上弯，另

图1

图2

图3

图4

图5

图6

图7

图8

折叠普通纸滑翔机以实现不同
的飞行路线。

一个角向下弯。这种形式的滑翔机水平飞行，或向下飞行时，会同时绕其纵轴快速旋转，如图6所示。

　　为了做螺旋形下降，机翼的角如图2那样向上弯，龙骨的后角弯成直角（图7）。以普通的方式投掷此滑翔机，它就会采取图8的飞行路线。

与水或雪有关的玩具

· 如何制作水下望远镜 ·

当你决定在一个地方投下鱼钩前，最好观察一下那里水中是否有鱼。如果你有合适的设备，就能看看水中是否有鱼在游弋。你需要的是水下望远镜。这是一头有玻璃片的木制（或金属制）的器具。若装玻璃一头浸入水中，在开口端往里看，一定深度水中的物体就清晰可见。在挪威，渔民用水下望远镜定期寻找鲱鱼群或鳕鱼。

制作木制水下望远镜所需的全部材料是一个长木盒，放在一头的一片玻璃，以及使缝不透水的若干油漆和腻子。把玻璃片固定在木盒的一头，另一头是开口，用于观察。

镀锡铁皮水下望远镜比木制的更好用，但制作更难一些。至关重要的是用于粗的一头的圆玻璃片。还需要漏斗形状的镀锡铁皮喇叭管。在

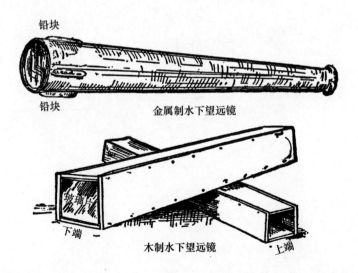

铅块

铅块　　　　　　　金属制水下望远镜

玻璃

下端　　　　　　木制水下望远镜　　　　上端

252

粗的一头焊入玻璃片，望远镜就制作完毕。由几条铅块组成的坠子要焊在底部或底部附近，用以抵消不透水的镜筒内所含空气的浮力，有助于粗的一头向下沉。镜筒内部应涂黑漆，防止光线在镀锡铁皮的光亮表面反射。如果难以获得圆玻璃片，底部可以做成方的，用方玻璃片。用平光透明玻璃，不要用放大镜类的玻璃。野餐聚会时，水下望远镜能带来很多乐趣，揭示大量以前从来没有看到过的稀奇景观。

· 简易跳水木筏 ·

在湖岸或河岸上露营的人常常觉得非常沮丧，因为岸边的水太浅无法跳水。如图所示的浮动跳板可以解决这个问题。约6米长、直径450毫米的两根圆木相距1.5米，用作为平台的厚木板固定。跳板的一端放在厚的前横木板上，另一端固定在后面的横木板下。为了防止跳板位置移动，在跳板的每一侧把木钉钉入前横板中。跳水板可以不用一块厚木板，而是用两块较薄的木板重叠着固定在一起，形状为椭圆形，长一点的木板放在上面。用石头锚防止木筏飘离岸边太远。

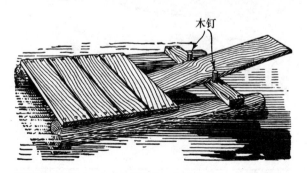

河岸的水较浅时，安装在厚木筏上的跳板，使人能实现跳水。

· 自制平底船 ·

平底船很容易制造，它是最安全的船只之一，因为它很难翻转。其好处是两侧均可以划船，而且有许多舒适的座位。

建造的平底船（图1）长4.5米、深约0.5米、宽1.2米。两端加工成斜坡，斜坡约0.5米长。每一侧面是由用木板条拼接在一起的木板组成，在每一侧的木板顶上打入两个木桩用作船浆架。在靠近端头的船内侧及船中间钉几块木板条作为座位。用一块宽木板作为船底。

船底用宽度不大于125毫米的适配木板覆盖。这些木板尽可能紧地排在一起，接缝处用填缝胶，并把它们钉在侧板的边上以及与平底船长度一致的龙骨上（见图2）。钉板前，要在板与船侧板之间放吸水灯芯材料。钉子必须用镀锌钉子。为了使平底船完全不透水，最好采用能得到的最干燥的木材。平底船的一头可以安装尾鳍及方向舵（图3）。

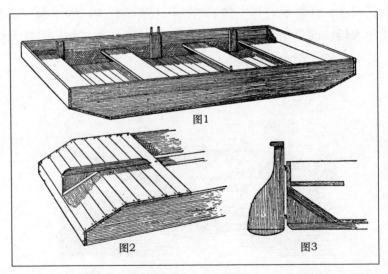

图1

图2　　　　图3

制作简易，使用安全的平底船。

· 如何建造"推进船" ·

在游泳季节里带着图示的"推进船"会有很多的乐趣，它的工作原理与许多流行的小型轮式车辆是一样的。

船体是用一块厚木板制成，船头是尖的。把木板打磨光滑后，至少要好好地油漆两遍。在船体中间的甲板上钉牢一块0.9米长、0.25米宽的木板作为立柱（见图示）。然后用250毫米×450毫米的木板做一个座椅，把它钉在立柱靠船尾的部分。把边缘修圆，使其不会划伤腿部。在座位尾部下面的立柱上边沿加工一个榫眼，用来安装外伸支架；在前端下面加工一个凹槽，让舵杆通过。一件长1.5米的弧形木料用作外伸支架，两块圆头木板固定在该支架的两端（见图示）。这些外伸木板应比船体稍低一些。再把外伸支架钉在立柱中的榫眼上，使两块圆头木板与船体的距离相等，并与船体平行。在每一块板的四周绑上充气内胎，给木板以浮力；它们可用帆布或麻布包裹起来保护。

小船的运动（前进或后退）是由桨轮控制的，桨轮用安装在座位前的一对拉杆操纵。把4个金属板叶片用螺钉固定在橡木轮毂的四面制成桨轮，如详图所示。需要两个这样的桨轮，安装在曲轴的两端（见图示）。曲轴的每一端均刻螺纹，以便旋入固定在桨轮上的管法兰[①]。在船尾U形的厚重铁件上，离甲板250毫米处钻轴承孔，用于支撑曲轴。把桨轮旋到曲轴上时，法兰的螺纹上要涂铅白，拧得尽可能紧，防止它们在轮子转动的作用下变松。

将一对长约0.75米的操纵杆用螺栓固定在立柱前端的两侧。枢轴螺栓穿过立柱的顶角，要配垫圈。把操纵杆的上部做成光滑的手柄，枢轴螺栓下方约150毫米处钻孔用于装连杆螺栓。操纵杆的前后运动必须灵

---

① 管法兰是指管道装置中用于使管子与管子相互连接的零件。

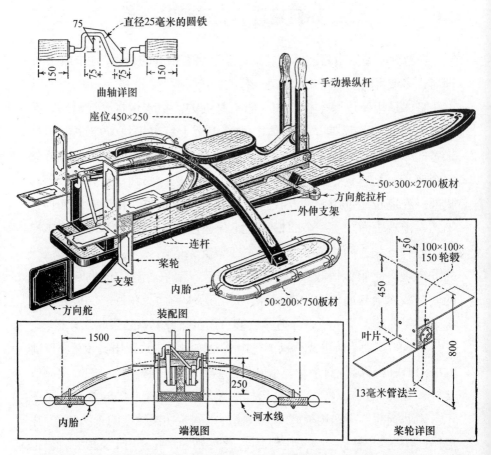

直径25毫米的圆铁

75

150 75 75 150

曲轴详图

手动操纵杆

座位450×250

50×300×2700板材

方向舵拉杆

外伸支架

连杆

桨轮

支架

方向舵

内胎

50×200×750板材

装配图

1500

250

内胎

河水线

端视图

100×100×150轮毂

450

150

叶片

800

13毫米管法兰

桨轮详图

"推进船"详图，清楚地说明了如何装配船只。建造此船花费不多，用几种工具就能建造。外伸的浮体使船几乎不可能倾覆或下沉，在干净水面上能以令人满意的速度前进。（单位：毫米）

活。操纵杆的运动通过连杆传递给桨轮，连杆用橡木或白蜡木制成。在连杆前面与操纵杆的螺栓连接是松的，而其后端刻一圈槽与围绕曲轴固定的扁铁轴承带配装。操纵杆前后移动时，桨轮就会旋转。

　　船尾可以挂任何形式的舵，并按图装配舵柄，这样，给小船导向就不需要用手。完成后，整个小船要刷几遍漆，使小船防水。

木筏类型的手推桨轮小船，手动操纵杆的前后运动通过连杆和曲轴驱动桨轮。弧形外伸支架支撑两侧的充气木制浮体。

　　操作者上船后，船体几乎沉下去，但是外伸支架两端的两个内胎浮体将使其稳定漂浮。所以，在平静的水面上小船不可能倾覆或下沉。

　　操作者面对船头坐下，一手抓住一根操纵杆，脚放在舵杆上，然后开始前后拉动手柄，同时稳住舵。

· 袖珍折叠船 ·

　　图示的小船花费不多，制作简易，且易于运输。由于船头部分要折叠进船尾部分，严格按尺寸制造就非常重要。各部分所用材料均是22毫米厚的木料。

　　画出全尺寸的设计图，以确定各部分的准确尺寸。最好用黄铜螺钉固定，不过，也可以用镀铜的钉子。每一部分底部与侧面连接最好用榫槽结构。连接处不要太紧地靠在一起，留有膨胀的余地，船的所有连接处塞进沥青。

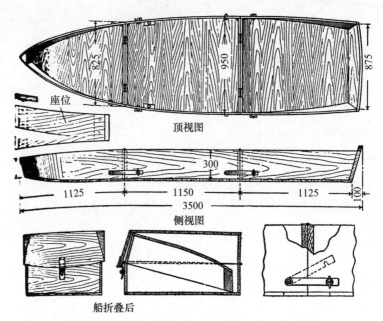

结构简单的袖珍船，折叠后运输很方便，甚至可以分为三部分携带，它的造价低，非常值得作为野营装备之一。（单位：毫米）

各部分相邻的端头应同时制作，保证连接时能完美地拼接在一起。加固件固定在各个角落。

各部分的船底用铰链连接，再用金属带把各部分保持在一起。按文中的说明制作金属带，就几乎没有可能意外变松。每一金属带的前端绕孔中的枢轴转动，在另一端下边沿上垂直开槽。它们的螺栓固定安装在船的侧面，用木板两侧的螺母固定。铆接在螺栓端头防止脱落的蝶形螺母夹住开槽的一端。桨座可以做在固定于船舷上缘的硬木块上。座位的结构示于左侧的小示意图中。

· 雪球制作器 ·

用手制作雪球很慢。采用图示的雪球制作器，能大大减少制作这些雪球的时间。

基座是一块长0.6米、宽165毫米、厚25毫米的木板。木块A的中间

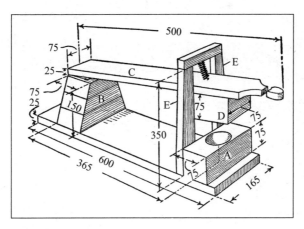

快速制作雪球的设备，雪球形状成完美球形。（单位：毫米）

挖空，做成一个直径为64毫米，深32毫米的半球形坑。此木块钉在基座上，离一端约25毫米。为使尺寸正确，把150毫米高的木块B（由一块或多块板组成）固定在基座的另一端，其后边缘距半球坑的中心365毫米。在B木块的顶上用铰链连接500毫米长的杠杆C。另一木块D固定在杠杆的下面，在木块D上制成与木块A相似的半球坑，使两木块的半球坑重合。杠杆的一端做成把手的形状。

两个立柱E固定在木块A的背面，作为杠杆C的导杆。在它们的顶上横向固定一木块，在横木块与杠杆之间连接弹簧。用窗帘滚轴弹簧就可以。

制作雪球时，一堆雪扔进下面木块的坑中，以相当大的力往下压杠杆即可。

<h2>· 廉价雪橇 ·</h2>

只要能钉钉子和钻孔的少年就能在短时间内制作一个雪橇。必需的材料是：四块优质坚固的木桶侧板，四个100毫米长、100毫米宽、50毫米厚的木块，两片300毫米长、100毫米宽、25毫米厚的木板，一片300毫米长、50毫米宽、45毫米厚的木板，以及一块1.2米长、300毫米宽、25毫米厚的优质木板。

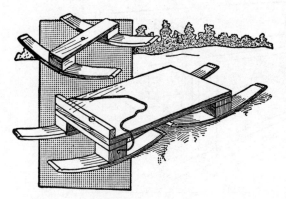

用普通木桶侧板作为滑板的简单雪橇。

四块100毫米长、100毫米宽、50毫米厚的木块做垫块（见图示），与桶侧板钉在一起，再在每两个垫块上钉一根300毫米长、100毫米宽、25毫米厚的木板作横梁。这样的一个组件（包括桶侧板、横梁和垫块）固定在1.2米长木板的一端。固定另一个组件时，组件中心要带有螺栓。300毫米长、50毫米宽、45毫米厚的木板横向固定在木板前端顶部。固定在前滑板垫块上的绳子用于使雪橇转向。

此雪橇能迅速制成，没有奢华雪橇时，用得也不错。

· 制作滑行平底雪橇 ·

不管是用于滑行还是用于运输，优质平底雪橇最重要的是强度高及重量轻。若打算在家庭工场制作时，结构必须简单。示意图和加工图中详细说明的平底雪橇的设计就能满足这些要求。获得做平底雪橇的合适材料及将其弯曲成型的花费并不多。

用于制作平底雪橇的木料的必要品质是：加工后的表面平滑、不易碎、能耐磨损。按其品质好坏的次序，有三种木料可以考虑：胡桃木、桦木和橡木。桦木比胡桃木软，容易起碎片，不过底部做得特别光滑。橡木经受弯曲能力好，但其滑行表面不会像密纹木料那样光滑。不要采用径切橡木板，因为在其结构中有横纹薄片。

虽然最好的雪橇是用整块木板做的，但这种材料的获得及其制造均比较困难。窄木条容易弯曲成型，但不经久耐用。用四块木板制成的平底雪橇是比较实用的。2.25米长、0.4米宽的雪橇与弯曲框架所需材料如下：四块8毫米×100毫米、3米长的硬木板，七根25毫米×25毫米×400毫米的硬木条；两根13毫米×25毫米×400毫米的硬木条，两块25毫米×150毫米、1.8米长的普通木板，六块25毫米×50毫米×450毫米的普通木板，一个直径300毫米、长450毫米的圆柱木块。

用于弯曲雪橇一端的模子用普通木板和木块制成。从干燥圆木一端锯下的木块是非常好的。如果方便，在弯木条时把它加热。底部的木板应选平直的或有纹理的，没有木结和树瘤。小心地把打算用作磨损表面的一侧刨光，并将边缘加工成斜角，这样，拼在一起时，它们形成V形接缝，深度是板厚的一半。25毫米×25毫米的硬木条用来作为横夹板，在其一个侧面上距每一端25毫米处开槽口放边绳。两根13毫米×25毫米的硬木条放在弯曲部分的尽头，一边一根，起加固作用。

1.8米长的普通木板钉在圆柱木块的两端，一端一块，它们的伸出部分是平行的。在25毫米×50毫米×450毫米普通木板的中心钻螺丝锥孔，在距此孔两侧106毫米处再钻两个孔。用75毫米的钉子把一块

这种平底雪橇带给制造者很多快乐，它可以作为个人项目，也可作为几个孩子的联合项目。

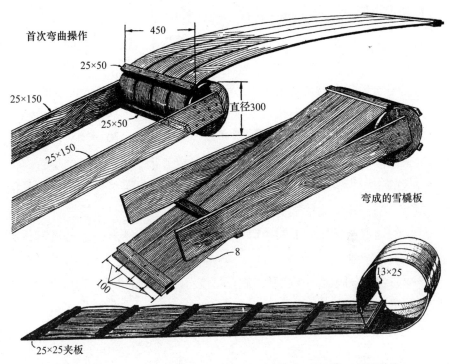

首次弯曲操作

25×50

25×150

25×50

25×150

直径300

弯成的雪橇板

8

100

13×25

25×25夹板

底板需要弯曲的一头用蒸汽蒸或沸水加热，然后在模子上弯过去。在弯曲操作
过程中，用夹板把木板钉在型模上，使木板在此位置干燥。（单位：毫米）

钻孔板固定在两块普通木板之间的圆柱上，临时插入13毫米厚的木块，
使其离圆柱13毫米。

　　把硬木板一端0.9米长的一段用蒸汽蒸，或放在水箱中用沸水加热。
在两块25毫米×50毫米木板间将硬木板干燥的一端边对边夹在（或钉
在）一起。在硬木板之间留约6.4毫米的开口。将蒸汽蒸的一端推到钉在
圆柱上的夹板下面，固定夹板的钉子在板之间滑过。小心地在雪橇上加
压力，当雪橇板围绕圆柱弯曲到其允许的最大程度时，钉上另一块钻孔
夹板。钉子当然要在两板之间。

　　现在，把整个结构反转，将雪橇向上弯，用更多的带钉夹板，直

至夹紧的一端在两块1.8米板的下方。若需要，可以钉更多的夹板。事实上，夹板越密，雪橇板裂开的危险就越小，板与模具的形状就越一致。

　　至少要四天后才能把雪橇板从模具上取下。在弯曲的弧形板的尽头的每一侧固定13毫米×25毫米的夹板，钻通孔后铆紧。一根25毫米×25毫米的横杆铆在弧形板尽前头的内侧，另一根直接放在弧形板的末端。这些夹板连接在一起保持弧形板形状。尾端横杆的位置离雪橇板的末端大于64毫米，其余的横杆平均分布，要注意把有槽口的面朝下。把参差不齐的端头修平整，把底部刮平并用砂纸磨光，并给雪橇涂油。在横杆端头下的槽口中穿过9.5毫米粗的绳子，雪橇就制作成功了。

　　将各部分固定在一起时，螺钉是铆钉的良好替代品；也可以用有足够长度、能使其敲弯部分约为6.4毫米的钉子。

游乐场上

· 摩天轮 ·

整个摩天轮架在两根立柱上，每根立柱长3米，截面为75毫米×100毫米。在两根立柱A的上端加工一个放置主轴的半圆凹槽，如图中B所示。当主轴被放置在半圆凹槽中后，在主轴上方加一个盖子，使轴保持在凹槽中转动。盖子可以是用木料制成的半圆环。当轴就位时，用钉子将盖子钉在轴的上方，钉子钉在立柱上。主柱下端埋入土中0.9米，两轴间距为1.2米。如图那样用铁丝进一步加固立柱，用U形钉把铁丝固定在柱顶附近的环上。

主轴C用长1.2米、64毫米见方的优质材料制成。将轴的两端加工成圆柱形作为支撑，方形部分配装辐条。辐条有4根，每根25毫米厚、100毫米宽、3.9米长。在每一根的中间切割厚度为其一半的凹槽，使每对辐条交叉

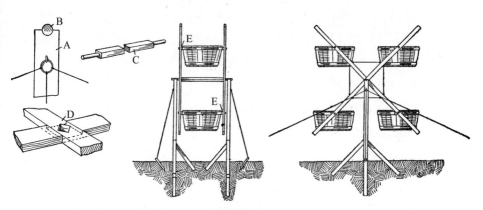

立柱、主轴和辐条详图，摩天轮的端视与侧视立面图，图中显示了附加的加固情况和座椅。

配装在一起时，表面是平整的，如图中D所示。交叉配装件上切割出一个方孔（如图），安装在主轴的方形部分上。最好再用另一木块加强这个接头，此木块安装在轴上，与辐条牢牢连接（在图上没有显示出来）。

车厢用两个切割后一分为二的木桶做成。在辐条的内外把箍钉牢。在半桶的外面牢固钉上木块E，在与木块E相对的半桶的内侧固定另一木块。离辐条端头0.75米处钻孔，一根螺栓穿过此孔，并穿过半桶边上的木块。用辐条的延伸端推动轮子。一次有4个孩子能坐在转轮上。

· 惊险的木马转轮 ·

"来吧，太值了！惊险转三圈只要一分钱！（指美分，译注）"是我们非常熟悉的招揽声，它吸引顾客去玩最新设计的自制木马转轮。惊险的木马转轮的动力来自从树干或其他支撑物上悬挂下来的扭绞的粗绳子。抓住手柄B，用带缺口的圆盘A扭绞绳子，转动杆就被抬起。当刹车板I停留在加重箱L上时，木马转轮就停止运转。

直径19毫米或以上的粗马尼拉麻绳用作支撑。在它顶上配装约0.6米的横吊具（如图）。圆盘是木制的，其上的槽口C用于放绳子。用钩子将转动杆悬挂在绳子上，钩子要结实并且足够深，使绳子不可能滑出去，如图中H所示。

转动杆用一段50毫米×100毫米的木料D制成，木料长度为3米，用钉子或螺钉把加固件E（25毫米×100毫米的木料）固定在上面。E的上端夹住中心木块F，钉牢后，铁丝连接环G穿过接头固定。

座位J挂在转动杆的两端，其内侧低一些（如图）。这样，在木马转轮转动时就坐得舒服些。座位用相距375毫米的绳子或钢带K支撑。座位要足够高，不能使其碰到地面。

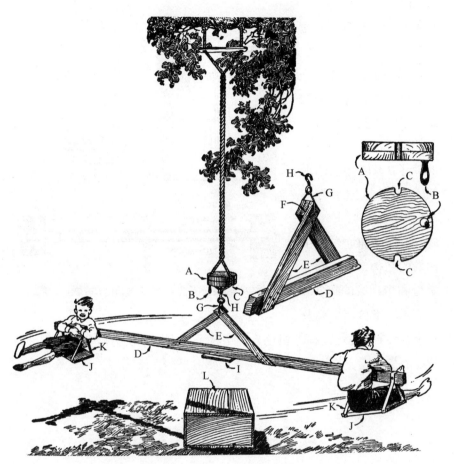

绳子在圆盘A上扭绞起来，转动杆挂在适当位置，乘坐者坐在座位上开始令人刺激的转动，直至制动板I停留在箱子上。

· 狭窄空间中用钢管制作的儿童秋千椅 ·

可利用两幢住宅之间的狭窄空间架设图示的秋千椅。切割一段50毫米直径的铁管A，其长度比两墙间的距离长0.3米。两段64毫米直径的铁管和一个64毫米×64毫米×32毫米的三通管件（详见图示）套在50毫米的铁管上，50毫米的铁管内置进入墙内。长为6米、直径32毫米的管子B弯成如图的形状，上端与三通管件连接，下端附加上座椅C。图中详细地说明了座椅的结构，用垫圈、螺母和带螺纹的接头D固定木制部分。坐垫及

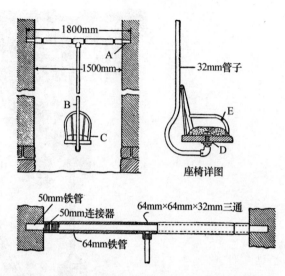

这种结实牢固的秋千防止少年儿童因刮擦砖墙而受伤。

可拆卸栏杆E也是座椅的特色。这个秋千椅比绳索秋千椅安全，而且经得起磨损。

· 可调节高跷 ·

初学高跷者总是选择短的高跷杆，这样他不会远离地面。不过，当他变得熟练有经验时，杆子越长越好。而且，小孩子与大孩子也需要不同长度的杆子。图示的器具是初学的少年均适用的一对杆子。制作此高跷时，取两根长度一致的长硬木杆，把边缘加工平滑；然后从距一头0.3米处开始，钻12个直径9.5毫米的孔，相邻两孔中心距为50毫米。若手头没有螺丝攻，请铁匠做一个两头有螺纹的直径19毫米的圆杆，长300毫米，用以制作脚蹬。将此杆弯成如图所示的形状，使有螺纹的两端中心距正好是50

毫米。两端的螺纹长度要使杆子的两侧都能放置螺母。把一段花园浇水软管或橡胶软管套在圆杆上以防止鞋底打滑。能在任意两个相邻孔内设置脚蹬，得到希望的高度。

能设定任意高度，有脚蹬的高跷。

· 初学者的轮滑辅助器 ·

轮滑初学者对后图会感到非常有趣，图中显示了一套极有实用价值的装置。该装置是用19毫米的水管及其配件制成，25毫米宽的金属板带固定在装置的上半部分。每一条腿的底部固定一个普通的家具脚轮，使该装置在地板上容易滚动。后面是不封闭的，初学者可以由此进入，然后抓住顶部导管，他就能很放松地在地板上滑动，不害怕摔倒。

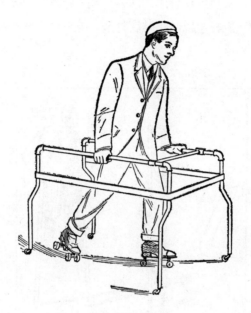

初学者不会摔倒。

· 立杆旋转木马轮 ·

　　在有足够空旷面积的地方，地面上竖立一根杆子就能建造廉价的旋转木马轮。杆子的材料可以是煤气管或木杆，长度要足以伸出地面3.6米左右。杆子上端加一个铁轮，使它能在轮轴上灵活旋转，轮轴可以是打入杆子中的铁销钉。在轮子下面的销钉上放几片垫圈减少摩擦。

　　长度不等的绳子绑在轮边缘上。游玩者抓住绳子，围绕杆子奔跑，启动轮子运动。然后他摆动离开地面。可以附加各种色彩的飘带（特殊场合可用花卉），看起来更漂亮。

绑在轮边缘上的绳子能绕立杆灵活转动。

· 一人使用的跷跷板 ·

喜爱自娱自乐的一个孩子很难从普通跷跷板中得到任何乐趣。

附图显示了可供一个孩子使用的跷跷板和摇摆木马的组合。该组合结构非常简单，配重①的尺寸及重量可以改变，满足不同的需求。座位用一对带式铰链安装在铁轴上，把每个铰链的一头弯曲以便绕轴配装。配重可以是铸铁件或是水泥块，它连接在固定于座位前端下面的弧形铁

---

① 用来平衡机器某一运动部件的重物。

杆上。配重应比孩子与木板的总重量稍重一些，有必要做一些试验取得正确的平衡。为了找到准确的重量，首先在铁杆的端头放一桶（或一袋）沙子，然后添加或减去沙子，直至得到合适的重量。

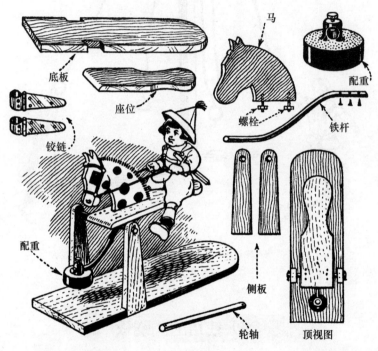

摇摆木马与跷跷板的组合能使儿童在没有同伴时自娱自乐，配重用来平衡孩子与座椅的重量。

（京）新登字083号

图书在版编目（CIP）数据

少年工程师：给孩子们的189个经典制作方案 / 美国《大众机械》编；孙洪涛译. —北京：中国青年出版社，2013.12
（低科技丛书）
书名原文：The boy mechanic: 200 classic things to build
ISBN 978-7-5153-2044-1

Ⅰ. ①少… Ⅱ. ①美… ②孙… Ⅲ. ①机械工程 – 少年读物
Ⅳ. ①TH-49

中国版本图书馆CIP数据核字（2013）第269541号

版权登记号：01-2011-7200
The Boy Mechanic: 200 Classic Things to Build
copyright © 2006 by Hearst Communications

责任编辑：彭　岩
书籍设计：刘　凛

出版发行：中国青年出版社
社址：北京东四12条21号
邮政编码：100708
网址：www.cyp.com.cn
编辑部电话：（010）57350407
门市部电话：（010）57350370
印刷：三河市君旺印务有限公司
经销：新华书店

开本：710×1000　1/16
印张：18
字数：180千字
插页：1
版次：2013年12月北京第1版
印次：2022年1月河北第6次印刷
定价：32.00元